真説・国防論

苫米地英人
Hideto Tomabechi

TAC出版
TAC PUBLISHING Group

〝平和ボケ〟という日本人の罪

「国防」について考える前に

北朝鮮（朝鮮民主主義人民共和国）の脅威が高まるとともに、憲法9条を巡る論議も激しさを増しています。これまで冷戦、中東戦争、テロリズムの横行など、世界各所で殺し合いが起きても、「日本は戦争を放棄したのだから関係ない」と知らぬ顔を決め込んでいたのが、北朝鮮という劇薬を目の前に突き付けられ、身の危険を実感して初めて「国防」という概念に目を向けざるを得なくなりました。

まさに泥縄とはこのことですが、この土壇場で交わされる日本国内の国防を巡る議論に耳を澄ましていると、私はどうしても不安と恐怖を感じざるを得ません。

それはなぜか？

よく左翼・リベラルの人々は「かつての大日本帝国に逆戻りするつもりか！」など

と声高に批判していますが、そんな短絡的な話ではありません。もっとも危険を感じるのは、**戦後半世紀以上に及ぶ平和ボケで、日本人の中に「戦争行為とは何であるか?」「国防とは何を意味しているのか?」といった世界の常識が、ぽっかりと欠落してしまっている**ことです。したがって、世界の常識がないまま重ねられる議論は、私にとっては何の意味もない、それ以上に誤解と無知から日本を再び危機に陥れる愚行にしか映らないのです。

その一端を、具体的な事例で説明しましょう。

2017年5月、安倍首相が憲法9条の改正に意欲を示したことを受けて、河野克俊統合幕僚長が「一自衛官として、自衛隊の根拠規定が憲法に明記されることになれば、非常にありがたいと思う」と発言し、民進党や共産党から「それは政治発言ではないのか?」と批判を浴びました。「公務員、ましてや自衛官が憲法のあり方について語るとはけしからん」というのです。

では、ここで質問です。ＰＫＯや集団的自衛権の行使など作戦行動の現場において、その作戦行動が憲法違反であるかどうかを判断するのは、一体誰でしょう？

たとえば、最近の国際情勢から射程３００キロメートル程度のミサイルも自衛隊に導入されることが検討されていますが、射程２５００〜３０００キロメートルのアメリカ軍のトマホークなどに比べれば、大変短いものです。尖閣諸島まで１８００キロメートル以上あることからも、大分不十分と感じられることでしょう。

もちろん、導入が検討されているイージス・アショアは射程距離２５００キロメートルですが、これはあくまで大気圏外での迎撃用で地上攻撃用ではありません。

ただ、３００キロメートルの射程でも領海ギリギリから発射すれば、他国の領土に撃ち込むことになりますし、迎撃ミサイルが本当に地上に向けられないのかという疑問にも答えなければなりません。では、どの程度のミサイルなら合憲であり、なおかつ国防上意義のあるものとなるのか？

こうした判断は、現場のプロにしか分からないことです。日報隠ぺい疑惑に揺れた南スーダンでのＰＫＯ活動においても、稲田防衛相（当時）の資質はさておき、現場で判断を下すのが統合幕僚長の仕事です。どのくらいの火器まで携帯可能か？　紛争がどの程度まで激化したら部隊を撤収させるべきか？　決して、国内で批判の声を上げている野党議員がまっとうできるような仕事ではありません。

つまり、ジョイント・スタッフ＝制服組の将官は、その職務の一環として、日常的に合憲か違憲かといった高度な政治的判断を下すことが要求されるのです。

もちろん、そういった判断は軍が独自で行っていいものではありません。ですから、将官人事には、まず議会の承認が必要とされる。これがシビリアンコントロールというもので、世界の常識です。日本においても、自衛隊の将官人事には内閣の承認が必要とされています。

さて、もうお分かりいただけたかと思います。こうした前提を理解せぬまま、「自衛官が合憲か違憲かについて口にするのは職務を逸脱している」と批判することがいかにズレているかが。彼らは、実際に北朝鮮からミサイルが飛んできても、「作戦行動は、（素人である）我々国会議員が精査するから、黙って待っていろ」とでも言うのでしょうか？　日本の安全保障にとって、これほど恐ろしいことはありません。

日本は「戦争をしない」のではなく「戦争ができない」

ただ、誤解しないでほしいのは、だからといって私が憲法9条の見直しに手放しで大賛成というわけではありません。むしろ、憲法9条の見直しは慎重にすべきという立場です。しかし、その理由は、〝平和の象徴だから〟〝日本の美徳だから〟などといった非現実的な抽象論とは異なります。

私が、**憲法9条の見直しに慎重な理由は、「それをきっかけに他国に戦争を仕掛けられても、誰も日本の味方をしてくれない」からです**。つまり、憲法9条の見直しは、日本の安全保障の改善どころか危機に繋がる可能性も秘めているのです。

皆さんは、「**敵国条項**」という言葉をご存知でしょうか？　国連憲章の第53条、第

77条、および第107条に規定されている条文です。端的に説明すると、「国際連合の母体である連合国に敵対していた枢軸国が、将来、再度侵略行為を行うか、またはその兆しを見せた場合、国際連合安全保障理事会を通さず、軍事的制裁を行う事が出来る」

ということです。国際連合とは、今では世界中の国家の集合と考えられていますが、その発端を紐解けば、第二次世界大戦の戦勝国の集まりです。ですから、国際連合にとって、敗戦国側である日本、ドイツ、イタリアなどの枢軸国は「敵国」なのです。そして、この敵国から「二度と戦争を起こさないよう、『戦争を起こす権利』を奪ってしまおう」というのが「敵国条項」というわけです。

本来、紛争や他国からの攻撃があった場合、まずは国連にお伺いを立てる。しかし、緊急の場合は反撃してもいいよ、というのが国際社会のルールです。言い換えれば、敵国以外の国連加盟国は、「自由に戦争を起こす権利」を保有しているのです。

ところが、敵国である日本の場合は、戦争を起こすどころか、戦争の兆しを見せた瞬間に、中国（中華人民共和国）などが日本に攻撃を仕掛けてもいいという条項なのです。ちょっと想像がつかないかもしれませんが、国連憲章によって、そう規定されているのです。

ですから、憲法9条の見直しが「侵略行為の兆し」と捉えられ、中国から攻撃されても、日本は反撃できないどころか、世界中から孤立してしまう可能性さえあるのです。

「とんでもない話だ。日本には自国を守る権利もないのか？」

そう感じた人も多いかと思います。ですが、国際法上は実際そうなのです。悲しいかな、現時点で日本は「一人前の主権国家」として認められていません。「戦争を起こす権利」というのは、何も戦争礼賛ではなく、自国を、正しく言えば、自国民の生活を守るための正当な外交権の一部です。日本はこれを国際法上禁じられている特殊な国なのです。

つまり、**日本に完全な外交権は存在しない。日本は完全な主権国家ではない。**

このような国は、世界では日本ただ一国です。ドイツやイタリアはNATOに加盟していますから、敵国条項が事実上無効化されています。

一方、日本はサンフランシスコ条約、日米安保条約などによって、かろうじて専守防衛のための軍備が許されているに過ぎません。「日本は世界に誇る平和国家だ」と胸を張ったところで、その実は、戦勝国によって国家主権を剥奪され、半人前の国家であることを誇っているだけです。

本当の平和国家とは、「戦争を起こす権利を持っているけれど、我々は不戦の誓いを立て、自らの選択として、決して戦争をしない」と言える国です。スイスは永世中立国ですが、戦争をしない選択を国民の投票によって、主権国家の意思として選び取っています。

翻って、日本はどうでしょうか？

「戦争をしない」のではなく、単に「戦争ができない」だけなのに平和国家だと謳《うた》っている。そのような国家を、もし自分が他国の人間だとして、どのように評価するでしょう？

日本の防衛大綱を書き換えよう！

さらに言えば、北朝鮮の核実験、ミサイル実験が活発になってきたことで、日本の自衛隊の能力を過大評価する傾向があるのも危険だと私は認識しています。「日本には最先端の技術力を結集した、最新鋭の自衛隊がいるから安心！」日本礼賛の恥ずかしい風潮と相まって、そんな楽観論も飛び出しています。しかし、そうした楽観論者は、自衛隊のそもそもの成り立ち、存在意義を理解しているのか、はなはだ疑問です。

すでに述べたように、日本には戦争を起こす権利はありません。ですから、終戦直後は軍備をまったく放棄させられていたわけです。それが、朝鮮動乱の時に、アメリカ合衆国の要請で後方支援を担う役割として警察予備隊が誕生した。つまり、自衛隊の役割はあくまで後方支援であり、もっと言えば朝鮮動乱がなければ、自衛隊自体が存在していなかった可能性も高いのです。

そんなことはあり得ないとお思いかもしれません。しかし、日本にはアメリカ本土外最大の沖縄米軍基地があり、世界最強の太平洋艦隊に属する第7艦隊が駐留しているという事実があります。第7艦隊は原子力空母ロナルド・レーガンを主力とする部隊で、神奈川県横須賀海軍施設を母港とする揚陸指揮艦ブルー・リッジが旗艦であり、沖縄ほか、佐世保などにも展開しています。

もうお忘れかもしれませんが、沖縄は返還されるまでアメリカの領土でした。私は、返還前の沖縄にパスポートを持って行ったことがあります。沖縄にアメリカ軍がいる。横須賀に最強の艦隊がいる。この事実ひとつで、現時点では日本が攻撃される可能性は限りなく低いのです。

第二次世界大戦後の冷戦下において、日本を攻撃するとすればソ連（ソビエト社会主義共和国連邦）以外にはあり得ませんでした。

しかし、アメリカとソ連が互いに核兵器を大量保有し、戦争＝世界の滅亡となってからは、日本は完全にアメリカの核の傘の下に入り、ソ連から攻撃される可能性もなくなった。日本を攻撃することは、アメリカを攻撃することと同義だからです。

そうした状況下で、自衛隊に入隊することは公務員として就職することと同じ。戦争などあり得ない状態で、自衛隊は存在し続けました。では、自衛隊の存在意義とは何だったのか？

それは、「地方の経済対策」です。

象徴的なのが、北海道に駐留する陸上自衛隊の北部方面隊第1特科団です。北千歳に本部があり、1952年にそのルーツが誕生しました。主にソ連からの攻撃を想定し、防衛を行う歩兵部隊ですが、いまやまずソ連が北海道に上陸するという想定からして現実離れしています。第二次世界大戦の時代までならいざ知らず、日本を攻撃しようとした場合、誰がわざわざ北海道に上陸しようと考えるでしょうか。そんな手間を取るくらいなら、ミサイルや航空機、潜水艦によって直接東京を叩くはずです。

また、特科団が持つロケット砲は射程が総じて数十キロメートルしかなく、しかも着弾に誤差が生じます。つまり、北海道内で撃てば、敵を攻撃する以上に、北海道の街を焼け野原にしてしまう。残念ながら、特科団の訓練が実戦で活かされる時は未来永劫やってこないでしょう。

にもかかわらず、第1特科団は現に存在し続けている。その理由は、北海道に雇用と消費を生む経済対策としての重要な役割を負っているということです。

つまり、日本は軍備の拡充というより、経済対策として毎年約5兆円の防衛費を投入し続けてきたというのが正確なところです。それでもなお、「自衛隊がいるから安心」と言い続けられるでしょうか？

長らく続いた平和ボケによって、戦後生まれの日本人は戦争とは何かを忘れ、軍の在り方を忘れ、日本が半人前の国家であることを忘れ、国防の意味を忘れ去ってしまいました。

この恐るべき事態を打開するには、まず日本が一度国連から脱退し、敵国条項が適用されない別な国として、国家主権を取り戻した上で加入し直すくらいの毅然とした行動が必要だと考えています。「戦争を起こす権利」を取り戻せば、本来の戦争の意味、そして国防の意味が初めて見えてくることでしょう。

これは決して、戦争を起こせと言っているのではありません。むしろ、戦争を起こす権利を失ったまま世界の軍事情勢からガラパゴス化し、平和ボケによる誤った国民意識が形成され続ければ、太平洋戦争時の日本と何ら変わらなくなってしまいます。

戦争は独裁者が起こすのではありません。正確な情報から目を背け、都合のよい風説だけを盲信する国民感情によって引き起こされるのです。

ですから、私は本書によって、正しい国防の意義を問い直し、それに基づいて日本の防衛大綱を書き換えることを目指しています。ぜひ、皆さんも改めて日本の置かれた立場、世界の軍事情勢から目を背けず、「真の国防とは何か?」について考えていただきたいと願っています。

真説・国防論 目次

はじめに
〝平和ボケ〟という日本人の罪 002
「国防」について考える前に 003
日本は「戦争をしない」のではなく「戦争ができない」 007
日本の防衛大綱を書き換えよう！ 011

第1章
真の「国防」とは何か？ 023
「国防」という言葉の意味 024
中国の海外進出は「覇権」か？「国防」か？ 027

「国防」の意味を知らなければ「戦争」は語れない 030
敗戦国日本という現実 035
GHQの方針転換＝「逆コース」 037
〝ウォール街の将軍〟ドレーパーと日和見主義者マッカーサー 040
居眠りしながら調印したサンフランシスコ講和条約 046
敵国条項の削除は、現時点では不可能だが…… 051
それでも日米安保で安心する人たち 054

第2章 日本の「国防」とは？

061
国家観と「国防」 062
軍事大国アメリカの異質性 065

「国民のための国」である日本 068
「アメリカの不沈空母」としての日本 071
今こそ「国防の在り方」を国民が選択すべき時 076

第3章 「ニューワールドオーダー」——冷戦後の世界情勢

第3章 「ニューワールドオーダー」——冷戦後の世界情勢 081
戦争が誘発され続ける世界 082
アメリカ隷従を続ける日本の危険性 093
北朝鮮が日本と敵対する理由 097
アメリカ最大の敵・中国 103

第4章　世界の軍事の現状を考える　109

「一帯一路」——世界を牛耳る中国の野望　110
日本を軍拡させたい中国　117
「ミサイル防衛システム」という虚構　121
核兵器は貧しい国の兵器　140
現代の「クリーンな戦争」　145
「電池式潜水艦＋巡航ミサイル＋特殊部隊」が最強の抑止力　149
敵基地攻撃の問題点は、「いつ攻撃するか？」　167
経済戦争における国防とは何か？　177

第5章 未来の戦争における「国防」とは？ 185

第三次世界大戦はとっくにサイバー空間で起きている 186
サイバー戦争は人工知能対人工知能の戦いにとっくに移行済み 194
独自ＯＳの開発を急げ 196
Ｐ２Ｐによるハイブリッド戦略 197
特殊部隊は宇宙にも投入される 204
対テロリズムは民間の力が必要 211

第6章 日本人の選択 217

自衛隊の現状を把握する 218

最多の自衛官を擁する陸上自衛隊の存在意義　223
軍事費ゼロの専守防衛　228
集団的自衛権よりも個別的自衛権が問題　234
メディアの洗脳から抜け出し、正しい選択を　240
未来の国防は「哲学輸出国」となること　248

特別寄稿

北朝鮮情勢を巡って

北朝鮮情勢を巡って　257
近視眼的な視点は捨てる　258
北朝鮮が行っているのは反米教育　260
北朝鮮問題は突き詰めると「アメリカ対中国」　262
高高度電磁パルス（ＨＥＭＰ）から日本を守れ　267

第1章

真の「国防」とは何か？

「国防」という言葉の意味

私は冒頭で、日本人は平和ボケから真の「国防」の意味を忘却してしまったと述べました。では、その真の意味とは何なのでしょう？

辞書を引けば、「**国防とは、外敵の侵略から国家を守ること。国の防衛**」（『大辞林』三省堂）と書いてあります。しかし、それは戦後生まれの戦争を知らない日本人向けに書かれた不正確な表現と言わざるを得ません。この表現から、皆さんが想像する国防のイメージとは、どのようなものでしょう？

おそらく大半の人は、「外敵の侵略から国家を守る」＝「日本の国土が外国から攻撃された場合に専守防衛を行う」と認識していると思います。つまり、日本国民にとっての国防とは、専守防衛、しかも国土が物理的に攻撃を受けた有事のみを想定した、極めて限定的な概念に矮小化されてしまっているのです。

ところが、世界の常識は異なります。アメリカ国防総省は、「Department of Defense」と表記されます。イギリスの国防省は「Ministry of Defense」。いずれも「Defense」であり、日本の「専守防衛」のイメージと重なります。実際、日本の防衛省も「Japan Ministry of Defense」です。しかし、実際は専守防衛などではなく、イラク戦争のように他国へ派兵して戦争を起こすことも辞さない。それなのになぜ「Defense」なのか？

これが真の「国防」の意味を理解する上でもっとも重要な鍵となります。つまり、世界の常識における「Defense」とは、**「外敵の侵略から国土を守る」ことではなく「外敵から国民を守る」「国民の生活を守る」ことを意味する**。そのためには、自国の領土が物理的に攻撃を受けていなくとも、他国の脅威に対して戦争を仕掛けることが「Defense＝国防」の範疇とされるのです。

思い返してみてください。第二次世界大戦時、アメリカには、直接ナチスの脅威は及んでいなかった。にもかかわらず、ドイツを叩きに駆けつけた。

「国防」とは？

×	「外敵の侵略から国土を守ること。国の防衛」

○	**「外敵から国民の生活を守ること。そのための手段として、戦争を起こす権利を行使することも含まれる」**

現在の中東情勢においても然りです。アフガニスタンでタリバンと戦っているのも、シリアでイスラム国と戦っているのも、すべては「アメリカ国民の生活を守るため」とされています。

つまり、「国防」とは専守防衛などではなく、国民を守るために外交権の一部として戦争を起こす権利を行使することも含んだ、もっと幅広い概念。その意味で、冒頭で述べた通り、戦争を起こす権利を持たない日本には、真の国防は存在し得ないのです。

中国の海外進出は「覇権」か？「国防」か？

さて、この「国防とは国民の生活を守ること」という世界の常識に照らし合わせると、世界情勢の見方が一変することになります。その端的な例が、隣国・中国です。

南シナ海に軍事拠点となる人工島を建設するなど、日本では「中国は軍事覇権国家を目指している」と散々批判されていますが、正しくは中国は「国防のために南シナ海に進出している」のだと考えられます。

なぜなら、中国の経済活動は太平洋沿岸地域に依存しており、その制海権は死活問題。ただでさえ経済成長に陰りが見える中で、沿岸地域が停滞すれば、国内経済は混乱を来し、国民生活が脅かされる事態が想定されるからです。

同様に、中国にとって新たな市場となるアフリカ進出も、経済成長を支えるために欠かせない最重要政策です。

2017年、中国人民解放軍は中国初となる海外基地をジブチに開設することが決まりました。ジブチは、海賊で話題となったソマリアと国境を接し、紅海とアラビア海、ひいてはインド洋を結ぶマンデブ海峡に面する軍事・貿易上の要衝。すでに海賊対策などを目的にアメリカ軍、フランス軍、イタリア軍が基地を持ち、そして日本の自衛隊も拠点を有しています。

そこに今回、中国が新たに進出することになった。その意図は、アフリカにおける地盤の強化にほかなりません。

中国はこれまで、ナイジェリア、エチオピア、ケニア、アンゴラなどアフリカ諸国に積極的に投資を行ってきました。鉄道や道路を中心にしたインフラ開発はすでに世界的に知られています。いわば経済成長を支える最大の貿易相手国であり、そこに軍事基地を建設することは、「中国の国内経済、ひいては国民生活を守る」ことに繋がります。

基地建設に伴い、中国の国営紙・環球時報は「中国が軍事力を伸ばす基本的な目的は、『中国の安全』を守るためであり、世界支配を意図するものではない」と主張しましたが、あながち建前ではありません。

そもそも「軍事力で世界を支配する」という発想自体が、ナンセンス極まりないものです。第二次世界大戦の時代までならいざ知らず、大規模な軍事力行使が国家滅亡に直結する現代にあって、軍事とは経済、つまり商圏を守るための手段にほかなりません。

その意味で、先ほどの主張も「中国の安全を守る＝中国の商圏・経済を守る」と解釈すれば、すんなりと受け入れられるかと思います。そして、このグローバル経済の時代にあって、「商圏を守る」ためには専守防衛などと言っていられません。

ですから、日本以外の国にとって、今回の中国人民解放軍のアフリカ進出は「国防」の一環として捉えられている。その上で、互いに牽制し合っているのです。一方的に「中国は覇権国家だ」などと子供じみた批判をしているのは日本だけです。

もし、日本が鎖国しており、経済活動が国内に限られている状態なら、「国防＝国土を守る」で事足りるでしょう。しかし、そんな時代錯誤なイメージで日本が国防を考えているうちに、海外の商圏は次々に諸外国に押さえられてしまいます。年間約5兆円を超える防衛費を、地方経済対策でしかない陸上自衛隊の国内基地に投じている間に、諸外国は海外に基地を建設して、商圏を拡大していっている。こんな愚かなことはありません。

つまり、「国防」についての誤った解釈は、国民の生活を守るどころか危機に陥れる、とてつもない勘違いなのです。

「国防」の意味を知らなければ「戦争」は語れない

私は、真の「国防」の意味とは「国民の生活を守ること」だと述べました。そのためには、経済圏を守るために戦争を起こす権利を行使することも含まれると。

しかし、だからといって、戦争行為が肯定されるわけではありません。なぜなら、多くの場合、「国民の生活を守る」のではなく「ある特定の利権集団を守る」ために戦争が引き起こされるからです。

たとえば、明治維新が進む日本で、「富国強兵」という言葉がスローガンとして盛んに掲げられました。この言葉を素直に解釈すると、「国民の生活が豊かになること」と「軍事力を強化し、経済圏を拡大していくこと」がワンセットである印象を受けます。実際、明治維新から太平洋戦争にかけて、日本の経済力と軍事力は拡大の一途をたどりました。

ところが、同時期のほとんどの国民の生活は、豊かになるどころか常に逼迫していました。その一方で、華族、政治家、官僚や軍の上層部、国策会社の経営者などは、鹿鳴館に代表されるように、過剰なまでに肥え太り続けていったのです。

つまり、「富国強兵」とは正確に言えば、「特定の利権集団が富むために、国民を戦争に巻き込んで、他国から略奪を行う」という政策だったのです。これは、「国防」

とはかけ離れた私利私欲に過ぎません。

こうした国防を偽装した戦闘行為は、いつの世も世界中に溢れています。記憶に新しいところでは、2015年にトルコ・シリア国境付近でロシア空軍の戦闘爆撃機スホイ24がトルコ軍に撃墜されるという事件がありました。トルコ側の説明によるとロシアの領空侵犯。互いの領土を守るための抜き差しならない緊張関係が悲劇的な事故を生み、トルコが謝罪したことで手打ちとなった。

一般的には、このように報道されていますが、その裏には両国政府の陰で糸を引く軍需産業の利権拡大の意図が見え隠れしています。

というのも、この事件は偶発的なものではなく、事件の半年ほど前からロシアの戦闘機が断続的にトルコの領空侵犯を行っていたというのです。これに対し、トルコ軍は繰り返し警告を発しましたが、一向に事態が収束に向かう気配がない。

その結果、まるで出来レースのように撃墜事件が起こり、両国は互いに軍事予算を大幅に拡大することが可能となりました。

当然、予算の投下先である軍需産業が左団扇になったのは言うまでもありません。

こうした事態は、現在の日本にも決して無縁ではありません。

陸上自衛隊のオペレーション（作戦＝戦術を実行すること）に不可欠な国産機動車の調達価格は、ハマーのもととなったことで知られるアメリカ軍の軍用車両ハンヴィーの数倍もします。これが百歩譲って、陸上自衛隊が海外での戦闘行為に参加する機会があるならば、性能を最大限に優先した必要経費とも言えるでしょう。しかし、すでに述べたように専守防衛を掲げる自衛隊において、内地での戦闘を担う陸上自衛隊の存在意義は極めて希薄です。

にもかかわらず、実際に戦争を行う米軍をはるかに凌ぐ数千万円もする機動車に予算を割くことは、どう考えても合理的とは言えません。

そこから導き出される答えは一つ。**「強兵」を行うことで、多くの国民の暮らしとは無関係な誰かが富むことが示唆されています。**

このように**軍事・戦争を考える上では、それが本当に国民の生活を守るためのものなのか、もしくは特定の利権集団に操られたものなのかを、私たちはつぶさに見極めていかねばなりません。**

つまり、「国防」の本当の意味を知らずして戦争は語れないのです。これは、「日本の平和憲法では戦争はすべて悪でしかない」などという思考停止状態では、決して養われることのないセンスです。

世界情勢に照らし合わせ、今、日本国民の生活を守るために本当に必要なことは何であるのか？

自ら思考し、答えを見出したことのない人々は、有事の際はいとも簡単に資本家や政治家たちの口車に乗せられ、無益な血を流すことになるでしょう。かつて、「富国強兵」のスローガンの下で太平洋戦争へと突き進んでいった悲惨な時代のように……。

敗戦国日本という現実

真の国防のために、日本にとって何が必要かを考える。その前段階として、戦後から現在までの日本の現実を、まずは簡単におさらいしておく必要があるでしょう。それを知れば、「日本は戦争の反省から、自ら平和国家を選択し、戦争を放棄した」という平和ボケが、いかに虚構であり、日本国民を真の国防から目を背けさせるデマであるかが分かります。

まず基本的な事実ですが、１９４５年の終戦から１９５２年のサンフランシスコ講和条約の発効までの7年間、日本は連合国の占領下にあったということを忘れてはいけません。当時、日本を治めていたのは連合国軍最高司令官総司令部（ＧＨＱ）。しかし、このＧＨＱも一枚岩というわけではありませんでした。

ＧＨＱには、二つの派閥がありました。占領政策の中心を担った民政局（ＧＳ）と

マッカーサー元帥の諜報《ちょうほう》参謀である参謀第二部（G2）。GSの局長であったコートニー・ホイットニー准将は元弁護士のリベラル派で、日本国憲法の草案を作成したのもこの人物です。

一方、G2を率いていたチャールズ・A・ウィロビー少将は、〝赤狩りのウィロビー〟と呼ばれるほど強硬な反共主義者。両者が占領政策を巡って対立することは、明らかでした。

当初は連合国側が「日本の経済的・軍事的な無力化」を望んでいたこともあり、GSが圧倒的な優勢を誇っていました。戦前・戦中に有力であった政治家・財界人を追放し、財閥解体や労働組合の組織化など社会主義的な制度を日本に持ち込んでいきます。戦争放棄を謳った憲法9条も、その方針の一環と言えるでしょう。日本国憲法下で初の内閣となった社会党の片山哲内閣、それを引き継いだ民主党の芦田均内閣はGSの後押しによって作られたものです。

つまり、憲法9条を礎とする日本の平和国家像は、この時、アメリカのリベラリストによって日本に持ち込まれたものだということ。まずはこの点を押さえておいてください。

GHQの方針転換＝「逆コース」

このように当初は、連合国の総意に従い、日本の経済・軍事の無力化にひた走るGHQでしたが、次第にG2をはじめとした抵抗勢力が鎌首をもたげてくることになります。

その筆頭が「アメリカ対日協議会（ACJ）」と呼ばれるジャパンロビイストたちの集まりです。

メイン大学のハワード・B・ショーンバーガー教授の著書『占領1945〜1952 戦後日本をつくりあげた8人のアメリカ人』（時事通信社）によれば、『ニューズウィーク』誌の外交問題担当編集者ハリー・F・カーンが、その中心人物とされています。

カーンは神戸生まれのイギリス人コンプトン・パケナムを同誌の東京支局長に任命し、占領下の日本への影響力を強めていきます。というのも、パケナムの実家は造船業を営む富豪であり、戦前から日本の政財界に強いパイプを持っていたのです。

その人脈には、吉田茂の義父で天皇側近の牧野伸顕伯爵、降伏時の首相鈴木貫太郎海軍大将、太平洋戦争時の駐米大使で戦後日本の再軍備を提唱した野村吉三郎海軍大将、さらに松平康昌宮内庁式部官長など錚々《そうそう》たる面々が揃っていたと言います。

そして、「こうした者たちは自分たちに同情的なパケナムに対し、〝日本共産党が公然と活動することを総司令部は認める一方、自分たちの過去の記録については誤認・誤解している〟と不満を訴えた」（『占領1945〜1952』）そうです。

カーンやパケナムにとっては、GHQによって不遇を託つことになった彼らを利用することは、戦後日本での利権を得ることに繋がります。

このように日本での利権確保を目指す人々にとって、日本の無力化や左傾化は望ましいものではありません。

カーンの所属する『ニューズウィーク』誌のオーナーであるアベレル・ハリマンも、その一人。終戦当時はアメリカ商務省の長官で、ブラウン・ブラザーズ・ハリマンという投資銀行の共同出資者という銀行家の一面もあわせ持っていました。彼の父エドワード・ヘンリー・ハリマンは日露戦争後、南満州鉄道の買い取り工作で大きな利益を手にした人物。つまり、戦前から日本の利権にがっちりと食い込んでいたのです。

他にも、国務次官のジョセフ・C・グルーは戦前に10年間駐日大使を務めており、皇族、財閥、官僚らと太いパイプを築いていました。また、ゼネラル・エレクトリック社（GE）も大正時代から日本に多大な投資を行っており、財閥解体や国有化が実行されれば不利益を被ります。

こうなればアメリカ国内の占領政策への風向きは自ずと変わらざるを得ません。国務省、商務省、マスコミ、大企業らがリベラル派への反発を強め、その流れの中で、1948年、G2とGSの勢力図が逆転する一大贈収賄事件「昭和電工事件」が勃発しました。

福田赳夫大蔵省主計局長、大野伴睦《ばんぼく》民主自由党顧問、栗栖《くるす》赳夫経済安定本部総務長官らGS派の政治家・官僚が軒並み逮捕され、芦田内閣は総辞職。新たにG2のウィロビー少将と昵懇《じっこん》であった吉田茂による第二次吉田内閣が発足することとなりました。

こうしてリベラル派は一掃され、GHQによる占領政策は「日本の経済・軍事を無力化する」という方向から一転して「経済復興による親米の同盟国化」へと舵を切ることとなったのです。これが「逆コース」と呼ばれるGHQの方針転換の真相です。

〝ウォール街の将軍〟ドレーパーと日和見主義者マッカーサー

さて、この「逆コース」を決定づけた人物として、〝ウォール街の将軍〟を呼ばれたウィリアム・H・ドレーパー少将（後に陸軍次官）のことにも触れておきましょう。

彼は陸軍に復帰する以前、ナショナル・シティ・バンク、バンカーズ・トラストと渡り歩き、世界最大の投資銀行のひとつであったディロン・リード社の副社長にまで上り詰めた生粋の銀行家です。

ドレーパーの同僚は、「彼は、占領地の民主化や戦争協力企業の解体に興味はなく、投資銀行家としての見方を最優先する」と語ったほど。そして、前出の『占領1945〜1952』においては、次のように占領政策を決定づけた最重要人物として記述されています。

「日本の占領に関する記述の中では、触れられるとしても、ほんのわずかしかないウィリアム・H・ドレーパーJr．陸軍次官は、同時代人からは、日本の経済復興計画を推進するうえで、最も責任のあったアメリカの政策立案者と見なされていた。日本の英字新聞『ニッポンタイムズ』は四八年に、ドレーパーこそ〝日本の経済再建計画におけるアメリカの積極的支援に深い関心を寄せている中心的なアメリカ政府高官だ〟とはっきり述べている」

このように銀行家＝資本家として日本の占領政策を考えるドレーパーにとって、リベラル派の進める財閥解体などの左傾化政策は、日本の経済復興の芽を摘み、ひいてはアメリカ国内の資本家の首を絞めることになる愚策としか映りませんでした。

しかも、当時の東アジア情勢は、ソ連、中国を中心に急速に共産主義勢力が拡大しており、日本の左傾化を進めれば、アジアにおけるアメリカの影響力の大幅な低下は必至。アメリカの覇権（正確にはアメリカの資本家の覇権ですが）を確固たるものにするには、日本の経済復興は不可欠であり、再軍備が必須であるとドレーパーは主張しました。

折しも、銀行家と軍人という二つの顔を持つドレーパーが来日した１９４７年は、アメリカ軍が再編され、陸海空の三軍を統合統括する国防総省が誕生した年。彼の主張は、ウォール街の資本家だけでなく、ペンタゴンの軍人たちにも強い影響力を発揮しました。

かくしてハリマンの商務省、グルーの国務省、GEに代表される企業、ドレーパーを支持する資本家、そして国防総省——つまり、アメリカを牛耳る勢力のすべてが、占領政策の転換を決定づけたのです。

ドレーパーによる占領政策の転換、それは「日本を軍事的にも経済的にも無力化する」という当初の方針から「安定した日本を太平洋地域の経済に組み入れ、親米的で、有事の際には準備の整った信頼できる同盟国を作る」という方針への転換です。

リベラル派が持ち込んだ憲法9条をはじめとする平和国家像は、この時点ですでに反故となり、**日本が国家主権を回復する以前に、すでに対米従属の反共の砦としての役割を与えられていた**ことが分かります。

このような経緯をきちんと知っていれば、日本の平和国家像がいかに根拠薄弱なものであり、国防を考える上で当てにならないものかも理解できるはずです。

ここで、その一助として、誰もが知るＧＨＱ最高司令官ダグラス・マッカーサーについても、お話ししておきましょう。マッカーサーは憲法９条を非常に気に入っており、経済復興を推進するアメリカ本国と衝突して民主化や非軍事化に熱心だった人物として、一般的には知られています。しかし、実際はそんな高潔な人物ではなく、大統領就任という野心を抱えた日和見主義者でしかありません。

マッカーサーはもともと反共主義者であり、リベラルというよりＡＣＪらの主張に近い考えを持っていました。しかし当時、共和党内でマッカーサーを大統領候補に推挙する動きがアメリカ本国で活発化していたのです。

アメリカの国民感情を鑑みれば、ＧＨＱが日本経済の復興を手助けするよりも、軍部や財閥を締め上げて無力化させた方が人気を得られることは明白。それゆえマッカーサーはリベラル派の政策に乗っかり続けました。反共主義者であるにもかかわらず憲法９条を礼賛したのも、そうした背景があってのことです。

その証拠に１９４７年、日本の民主化や非軍事化がほとんど進展していない段階で、マッカーサーは日本占領の早期終結を唱え始めることになります。その理由は、翌年に大統領選挙が待ち受けていたからにほかなりません。共和党の予備選挙を勝ち抜くためには、一刻も早くアメリカ本国に戻る必要があったのです。

このように日本の行く末よりも自身の野心に血眼になっていたマッカーサーですが、結局、予備選挙を勝ち抜き、大統領候補となることは叶いませんでした。そして、占領政策が逆コースをたどるようになった数年後、マッカーサーはあれほど自画自賛していた憲法９条をあっさり否定する発言をしています。

日本人が金科玉条のように胸を張る憲法９条とは、その程度のものなのです。現在に至るまで半世紀以上にわたり交わされている「違憲か合憲か」といった対立・論戦も、もとをたどれば占領軍の権力争いや野心の縮図を連綿と引き継いでいるに過ぎない。つまるところ、真の国防を考えるにあたっては、本質から大分ズレた議論なのです。

居眠りしながら調印したサンフランシスコ講和条約

占領時下、リベラル派と資本家の間の権力闘争によって、平和国家から反共の砦として、アメリカの思惑ひとつで二転三転していった戦後日本。〝ウォール街の将軍〟ドレーパーの「逆コース」によって導かれた経済復興への道は、結局は1950年の朝鮮動乱による戦争特需によって軌道に乗るという皮肉な歴史を経て、1951年9月8日、ようやく日本はサンフランシスコ講和条約調印の席に着くことになります。

教科書的には、この日をもって日本は独立を果たし、国家主権を回復したと書かれていることでしょう。

しかし、本当でしょうか？

これまで見てきたように、完全に米国隷従となっていた日本が、自力では何も成し遂げずに独立し、一人前の国家として国際社会に認められるなどということがあり得るのでしょうか?

その答えは、調印式前の9月5日から7日まで計7回にわたって行われた総会の実態を検証することで見えてきます。

アメリカのトルーマン大統領が、大胆にもソ連の代表団の前で「世界はいま新たな侵略の脅威に直面し、アジアは武力による攻撃にさらされている」と語れば、対するソ連のグロムイコ代表は「この条約草案の起草者(=アメリカ)は日本の軍国主義を再開させようと熱心だ」と反論し、冷戦の緊張感が場を凍りつかせます。その他の参加国も、少しでも自国が有利になるよう声を大にし、侃々諤々《かんかんがくがく》の議論が交わされました。

ところが、です。総会での日本の代表団の様子を政治学者の信夫《しのぶ》清三郎氏の『戦後日本政治史』(頸草書房)から引用すると、こうなります。

「参列する日本の多くの全権委員や国会議員団は、きわめて不真面目であった。真剣とみえたのは吉田茂首相一人であった。全権委員の自由党総務星島二郎は、〝日本を発つ時も悲壮な決心などという気持ちはなかった〟し、〝戦争に負けた国の全権がそんな軽い気持ちで条約調印のために出てきたことなどは例がないだろう〟などと平然と語っていた。彼らは、講和会議という歴史的光景の見物人にすぎなかった。諸国の全権が議論をたたかわすなかで居眠りをはじめるものさえあった。みかねた随員がヒザをつっついたり肩をおしたりしてまわっていたが、居眠りはやまなかった」

国際条約の調印式、しかも当事者の敗戦国の代表が居眠りというのは、ちょっと常軌を逸した事態です。また、大蔵省財政史室編の『昭和財政史』にも、当時の様子が「敗戦国の代表としてよりもむしろ調印権をもたない招待者」「交渉のための会議ではなく、調印のための会議」と記されています。

つまり、すべてはアメリカのお膳立ての下で行われた調印式であり、日本に課せられた役割は目の前の書類に黙ってサインすることだけ。発言権など端からなかった。だから、他人事のように居眠りすることができた。

これが、これから主権国家として独立しようという国の姿でしょうか?

日本にようやく発言が許されたのは、講和会議の最後、吉田茂首相のスピーチにおいてでした。しかし、その場においてすら、日本が自由に主張を展開することはかないませんでした。

「(アメリカ代表団の)シーボルトは、アジア諸国の一部がすでに不快の気持ちを増大させているのにもかかわらず、〝さらにこんな演説をやることになれば、これらの国々の善意をそこなうおそれ〟があると感じた。彼は、使いの首相秘書官に日本語で演説するように頼みなさいとすすめ、さっそく同僚をあつめて草稿に手をいれはじめた。聞き手を怒らせるようなところはけずり、発言に権威をもたせるように書きなおした。秘書官はできあがった草稿をもって飛んで帰り、吉田首相の受託を求め、日本語に訳した」(『戦後日本政治史』)

この条約によって日本は主権を回復したのだとすれば、一国の独立国の首相の演説を他国が添削するなど言語道断です。けれど、吉田首相はシーボルトの原稿を読み上げるほかなかったのです。

極めつきは、この条約の正文には英語版とフランス語版とスペイン語版しかなく、当事国である日本語版が準正文扱いになっていることです。「手ぶらで帰るわけにはいかないだろうから、日本人に独立国になったかのごとく勘違いしてもらうよう、どうせ英語が分からない日本人向けに特別に日本語訳をあげるからそれを国民に発表しなさい」というわけです。

こんな扱いを受ける独立国家が、世界のどこにあるというのでしょうか?

さらに、サンフランシスコ講和条約の問題点は、その調印過程だけに留まりません。

その内容も、非常に空虚なものです。

具体的に記されているのは、日本の在外資産の放棄、朝鮮や台湾など併合地の放棄、対外債務の全額返済、東京裁判の判決の受け入れなど処罰に関する事項のみ。

一方、国家主権に関わる自衛権や外交権については、明確に承認されたとは言い難い内容となっています。かろうじて、前文に「国連憲章を遵守すべし」と記されているだけです。しかし、その国連憲章には、冒頭で指摘したように「戦争する権利」を剥奪する「敵国条項」が明記されているのです。

敵国条項の削除は、現時点では不可能だが……

冒頭でも述べたように、敵国条項とは「敵国認定されている日本が戦争の準備をしていると判断した場合、例外的に安全保障理事会の許可を必要とせず攻撃しても構わない」というものです。

この条項に照らし合わせれば、たとえば、日本が日米安保を破棄して独自の軍隊をつくる憲法を制定した途端、侵略戦争の準備をしているとみなされ、世界中から袋叩きに遭う可能性もあります。これは何も突飛な死文化した条項ではなく、古くはソ連との北方領土をめぐる交渉から近年の尖閣諸島をめぐる中国との争いまで、実際、事あるごとに外交テーブルの場に持ち出され、譲歩を迫られているのです。

つまり、この敵国条項がある限り、形だけの空虚なサンフランシスコ講和条約など何の意味も持たず、日本は相変わらず半人前の国家として、自前の軍隊を持つことすら許されない状態が今も続いています。

もちろん、日本政府もこれまで手をこまねいていたわけではなく、断続的に敵国条項の削除を求め、ロビー活動を行ってきました。1995年の国連決議では、敵国条項が削除されることも決定しています。

しかし、決議はなされても、その履行となると話は別です。なぜなら、国連憲章の改定にはすべての常任理事国及び国連加盟国の3分の2以上の批准が必要だからです。つまり、ロシアや中国の国会で敵国条項の削除に批准する承認が得られなければならない。現在の世界情勢からして、そんなことはほぼ不可能です。

唯一、残された道は国連を脱退し、敵国条項が適用されない別な国として再加盟する。つまり、「ＪＡＰＡＮ」ではなく「ＮＩＰＰＯＮ」という新たな国として加盟し直すことです。夢物語のように聞こえるかもしれませんが、それくらいしなければ日本が本当の主権国家として独立を果たすことは叶わないのです。

実際インドネシアは、１９６５年にマレーシアが安保理事会の非常任理事国に選ばれたことを理由に国連を一度脱退し、１９６６年に再加盟をしており、一度抜けて戻るのは前例がないわけではないのです。

これまで見てきたように、悲しいかな、これが日本の置かれた現実なのです。逆に夢物語だと言う人がいたら、それは日本の現状を正確に理解できておらず、憲法９条を妄信したり、アメリカの隷属国家であることをよしとする、国防の何たるかを忘れ去った人々でしょう。

それでも日米安保で安心する人たち

さて、ここで「日本は戦争を起こす権利どころか、独自の軍隊を持つことすら許されないのに、年間約5兆円もの防衛費を予算計上している。それは戦争の準備と受け取られないのか？」と疑問に思った人もいるかと思います。

その点については、「戦争を起こす権利はないけれど自衛権はある」というのが、国際法上の一応の落としどころとなっています。

サンフランシスコ講和条約をもう少し詳しく見ていくと、第5条において「武力による威嚇又は武力の行使は（中略）いかなる方法によるものも慎むこと」としつつも、「個別的又は集団的自衛の固有の権利を有すること及び日本国が集団的安全保障取極を自発的に締結することができることを承認する」とされています。

要約すれば、「自衛権は認めるけど、武力行為はなし」ということです。

他国が武力で侵略してきた場合、どのように自衛すればいいのか皆目見当もつかず、極めて矛盾した条文となっています。

そこで、この矛盾を解決するために同日締結されたのが、日本の自衛または侵略行為に関してはアメリカが責任を持つとした日米安全保障条約です。

この二つの条約によって、日本はかろうじて自衛のための軍事力を保持しています。言い換えれば、**日本の自衛権は、アメリカのお墨付きがあって初めて行使できる**ということです。

1951年当時は、朝鮮動乱はもちろん、ベトナム、ラオス、カンボジアなどが独立を求めるインドシナ戦争など、アジアは火薬庫と化していました。それゆえ、アメリカは日本に30万人の国防軍の創設を強く要望しましたが、時の首相・吉田茂はこれを拒否。折衷案として、費用を日本が負担する代わりに、アメリカ軍が日本に駐留することとなりました。

その後、1954年に日本国内に自衛隊が発足。日本は冷戦下において、自衛隊によるアメリカ軍の後方支援とアジアにおける軍需工場の役割を担うことになります。

また当時、アメリカの国家安全保障会議（ＮＳＣ）が掲げたＮＳＣ－48／４文書を要約すると、次のようになります。

❶日本が自立的、親米的に外部からの侵略を防衛し、極東の安全保障と安定に貢献する国家になるよう援助する。

❷日本が経済的に自立し、アメリカとアジアの非共産主義諸国の経済安定のために重要な物資、特に低価格の軍需物資を供給できるようにする。

❸警察予備隊と海上警備隊が軍事組織に発展するように援助する。

❹日本が国連に加入し、なおかつ地域的な安全保障体制に参加するべく努力する。

❺日本を西側諸国に近づけ、共産主義を嫌うようにするための心理的プログラムを開始する。

この文書の❹までを見れば、アメリカの庇護の下で日米の蜜月の関係が築かれているように思う人もいるでしょう。

しかし、アメリカの本音は**5**に集約されています。日米安保によってアメリカが日本を守り、日本の自衛権を保障しているのは、すべては冷戦下においてアメリカの国益を最大限に発揮するためです。

つまり、**占領時の逆コースから、アメリカの日本へのアプローチは一貫して「アメリカの国益ありき」でしかない**のです。「世界の警察」や「アジア情勢の安定」といった美辞麗句は、建前に過ぎません。

さて、ここでひとつ問題です。では、日本を守ることがアメリカの国益に反した時は、どうなってしまうのでしょう？

日本の自衛に関してアメリカが責任を持つということは、その責任を放棄する可能性も含んでいます。だからこそ、日本は未だにアメリカに対して「あなたは日本を守る責任がありますよね？」と事あるごとに確認しなければならないのです。尖閣諸島をめぐる対中国にしても、北朝鮮のミサイル実験にしても然りです。これが本当に自衛権を認められた国と言えるでしょうか？

北朝鮮のような特異な国は除外して、対中国のケースは、極めて不安定な局面でした。中国はいずれアメリカを抜いてGDP世界一となるだろうと言われており、アメリカとしては何としても中国を叩いておきたかった。そのためには、日本と中国が反目しあってくれることが国益にかなっている。もし、中国で政情不安から内戦でも起きてくれれば儲けものです。

平和ボケした日本人は、「アメリカは同盟国なのだから、いざとなればすぐに日本を守ってくれる」と信じていますが、**仮に日米安保条約が適用されたとしても、日本と中国の争いにアメリカが参戦するためには、議会の承認が必要となります。**アメリカ議会が「静観が国益にかなっている」と判断すれば、アメリカの参戦は戦火が拡大し、二国間では収拾がつかなくなってからという可能性も十分にあるのです。

なぜなら、中国と日本が疲弊すれば、アメリカがアジアの利権を確実に手中に収めることができる。

これは陰謀論などではなく、実際にハーバード大学の政治学者ジョセフ・ナイ氏が、外交問題評議会が発行する『フォーリン・アフェアーズ』という雑誌に発表した「アメリカンパワーの未来」という論文にも描かれたシナリオです。

「(アメリカは)アジアの緊張を高め、日本は中国の脅威を煽る反中ナショナリズムによりアメリカの計画に埋め込まれ、そうコントロールされていくだろう」

このように、日米安保条約は日米双方の国防に寄与する条約ではなく、あくまでもアメリカの国防ありき。つまり、アメリカの国益、ひいては国民の生活を守るための条約なのです。

しかし、半人前の国家である日本の政治家は、その日米安保にすがるよりほかにない。大統領を招き、何度も何度も「アメリカは動いてくれるのか?」と確認しなければならない。

悲しいことに、これが日本の国防をめぐる現状、シビアな現実なのです。

第2章

日本の「国防」とは？

国家観と国防

本書で真の国防について考えていく上で、前章では「国防とは国土を守ることではなく、国民を守ることである」と、戦後日本に広まった誤解を解くことから始めました。その意味で、中国のアフリカ進出も国防のひとつの形であると。

しかし、そう耳にして「中国の覇権主義は中国共産党の幹部が主導しており、一部のエリート共産党員が私腹を肥やすための政策ではないのか？」と、違和感を持った人も少なくないでしょう。

たしかに、そうした一面は、習近平氏の反腐敗政策を見れば否定できません。しかし、それをもって中国の対外政策が侵略であり国防ではないと断ずるのは、不正確な認識でもあります。というのも、真の国防を考えるためには、「その国の国民の国家観」まで踏まえて理解していく必要があるからです。

たとえば、一部のエリート共産党員どころではなく、ひとりの王の意志のもとに、軍備を拡張し、外敵に備える国家があったとします。しかし、国民が「国家＝王」と考えていれば、「国民を守る＝王を守る」ことであり、国民はそのために血を流すことを厭いません。

現に、一人の強者（＝王）によって率いられた部族が周辺部族を征服することで成立したヨーロッパ諸国の国民はそうした国家観を持っており、いまだにイギリス海軍兵たちは、自分たちのことを「Her Majesty the Queen」、つまり女王のための軍隊であると言い切ります。

これは「総書記こそ国民の父である」とする北朝鮮にも言えることでしょう。

このように「国民が国家をどう捉えているか？」によって、何が「国民のため＝国益」であるかも国によって変わってくるのです。

では、先ほどの中国の場合はどうでしょうか？　現在の中国は、ご存じのように共産党が支配する国です。つまり、中国の国民にとって「国家＝共産党」。ゆえに、その共産党を守ることは、国民を守ることと同義なのです。

ただし、これはあくまで「中国共産党は人民のための党である」という建前を前提としたものであり、中国の国民も馬鹿ではありませんから、そんなものがとっくに形骸化していることを知っています。

特に地方と都市部の経済格差が顕著になり、表になかなか出せないだけで、昨今の急激な軍事国家化とは裏腹に、中国国内の愛国心は日に日に希薄になっています。

中国における成功者とは、共産党で賄賂を蓄えるなり、国営企業で成功するなりして、一刻も早く国外へ家族ごと脱出した者を指します。

つまり、中国の国防とは「国民を守る」ためでありながら、一方で「海外脱出へのルートとなる経済を守る」ためでもあるという、矛盾を内包した極めて不安定な政策と理解するのが正しいでしょう。

軍事大国アメリカの異質性

では、世界一の軍事大国であるアメリカ国民の国家観とはいかなるものでしょう？　アメリカこそ、もっとも進んだ民主国家であり、「国民＝国家」だと勘違いしてはいないでしょうか？　これは大きな誤解です。

よくハリウッドの商業映画で、困難を乗り越えた英雄が「ＵＳＡ！」の大合唱で迎え入れられるシーンを目にすることがあると思います。彼らは国民を守ったから称賛されているのではなく、ＵＳＡという国家を守ったから英雄とされる。

つまり、アメリカ国民にとっては「国家＝ＵＳＡ」であり、国民は二の次なのです。

これはアメリカという国家の成り立ちを考えれば自然と理解できることです。アメリカは今から約４００年前、１６２０年にメイフラワー号で新大陸に上陸したピューリタン（ピルグリム・ファーザーズ）たちによって作られた国です。

最初は100人ほどだった彼らは、約1万5000年前から現地に暮らしていた先住民族を虐殺し、ヨーロッパ各国との独立戦争を乗り越えて、はじめて国家としてのアイデンティティを獲得しました。つまり、血塗られた歴史を持つ、非常に人工的な国であるという特殊性を持っています。


だからこそ、アメリカ国民は何より自分たちの結束の象徴であるUSAという国家の存在自体を誇りとし、国民よりも上位に置きます。

つまり、アメリカにおいて「国民を守る」ことは、「USAを守る」ことと同義なのです。ユナイテッド・ステイツ・オブ・アメリカというようにアメリカは50の州の集合体であり、それが合衆国憲法によって束ねられています。

国民の結束、州の結束によって成り立っている国家、それがアメリカなのです。

このUSAは第二次大戦以降、世界の超大国として覇権を握ることとなりました。

そして、ベトナムやイラクなど、世界各地でUSAの正義の名の下に多くの血が流されています。そのいずれもが、直接的にアメリカ国民の暮らしを守るために、どうしても必要な戦争であったかというと、誰もが疑問に思うはずです。

現在でもアフガニスタンなどでは、米兵が毎日のように戦死しています。その数以上の死者が相手側でも出ているということです。

なぜアメリカ軍の兵隊たちは、無益な血を流したくないと反発しないのか？

その答えは、アメリカの血塗られた歴史と国家観にこそ求められます。USAという国家の威信を、アメリカ国民の結束の象徴を守るためには必要な戦争だったということ。アメリカにとっての国防とは、そうした意味合いのものであり、世界的に見ても極めて異質で、独特の国家観に基づいたものです。

「国民のための国」である日本

「アメリカがUSAのために戦争をするなら、日本だって戦前は御国のために戦っていたのではなかったか？　それに、日本には天皇という象徴だっている」

そう思った人もいるかもしれません。しかし、日本では決して国民よりも国家や天皇が上にくることはありません。それを理解するために、日本という国の成り立ちをおさらいしておきましょう。

まず、日本は2000年以上の歴史を持つ国ですから、短期間で人工的に作られたアメリカとは決定的に異なります。さらに、天皇を中心とした君主国ではないかという誤解も、天皇の立ち位置を考えれば明らかになります。

そもそも日本人は農耕民族であり、その主たる敵は常に自然の脅威でした。人知の及ばない天災にどう立ち向かうのか？

そこで重要な役割を担ったのが「祭司」です。神の言葉を聞き、それを国民に告げる。これが天皇の起源であり、その証拠に初代天皇と言われる神武天皇は、武力よりも霊力に長けていました。日本を統べる東征においても、天香山の土を使って八十平《やそひら》瓮《か》（80枚の瓦）を作り、神に祀ることで難敵を打ち破ったと伝承されています。

その後、大和朝廷が成立した後は、物部氏、蘇我氏といった臣下の武将たちが武力を司り、鎌倉時代以降は軍事・政治・経済のすべてを完全に武士が握るようになりました。

つまり、武力で他の部族を征服していったヨーロッパの王とは、まったく異なる立ち位置で、天皇は存在しているのです。

天皇はあくまで祭司として国民に担がれている存在であり、国民なくして天皇は存在しない。一方、武力で天下統一した幕府も、祭司である天皇には手を出せず、本当の意味での王家とはなり得ない。こうした特異な構造から導き出される結論とは、**日本国民にとって「国家＝国民」である**ということ。

昨今、日本で愛国心が高まりつつあるという話も聞きますが、多くの人は日本という国に愛着はあっても、忠誠とまではいかないはずです。領土に関しても、北方領土や竹島、尖閣諸島を「何としても守らなければいけない日本のものだ！」と切実に感じている人がどれだけいるでしょう？　竹島や尖閣諸島などは、外交問題化する以前はほとんど放置された、世間的にはまったく無名の島でした。

自分で勝ち取った土地、自分で作った国という感覚が希薄な日本人にとって、愛国心といえば、連綿と続いてきた血脈、つまり祖先や家族への思いの方が先立つはずです。太平洋戦争中、「天皇陛下バンザイ！」と言って死ぬ兵士もいれば、「お母さん！」と言って死ぬ兵士もいたのです。天皇ではなく母を思って死ぬ兵士を非難する日本人はいません。

このように、日本国民にとって国家とは、象徴でも王でも政党でもなく、あくまで国民のために存在するものなのです。

「アメリカの不沈空母」としての日本

「日本人にとって、国家とは国民のためのもの」ということは、**日本における「国防」とは、何の混じり気もなく「国民の生活を守るためのもの」でなくてはなりません。**

つまり、「国家＝共産党」である中国が共産党の利益のために戦争を起こすことは国防となり得ますが、一部の官僚、資本家が私腹を肥やした戦前日本の「富国強兵」は、日本における国防からは逸脱したものとなります。

「国家の在り方」によって、「国防」の意味はそれぞれの国で固有の形をとるのです。

では、現在の日本が「国民のため」の真の国防に目覚めているのでしょうか？

残念ながら、戦後70年、まったく別の方向に突き進んできたと言わざるを得ません。

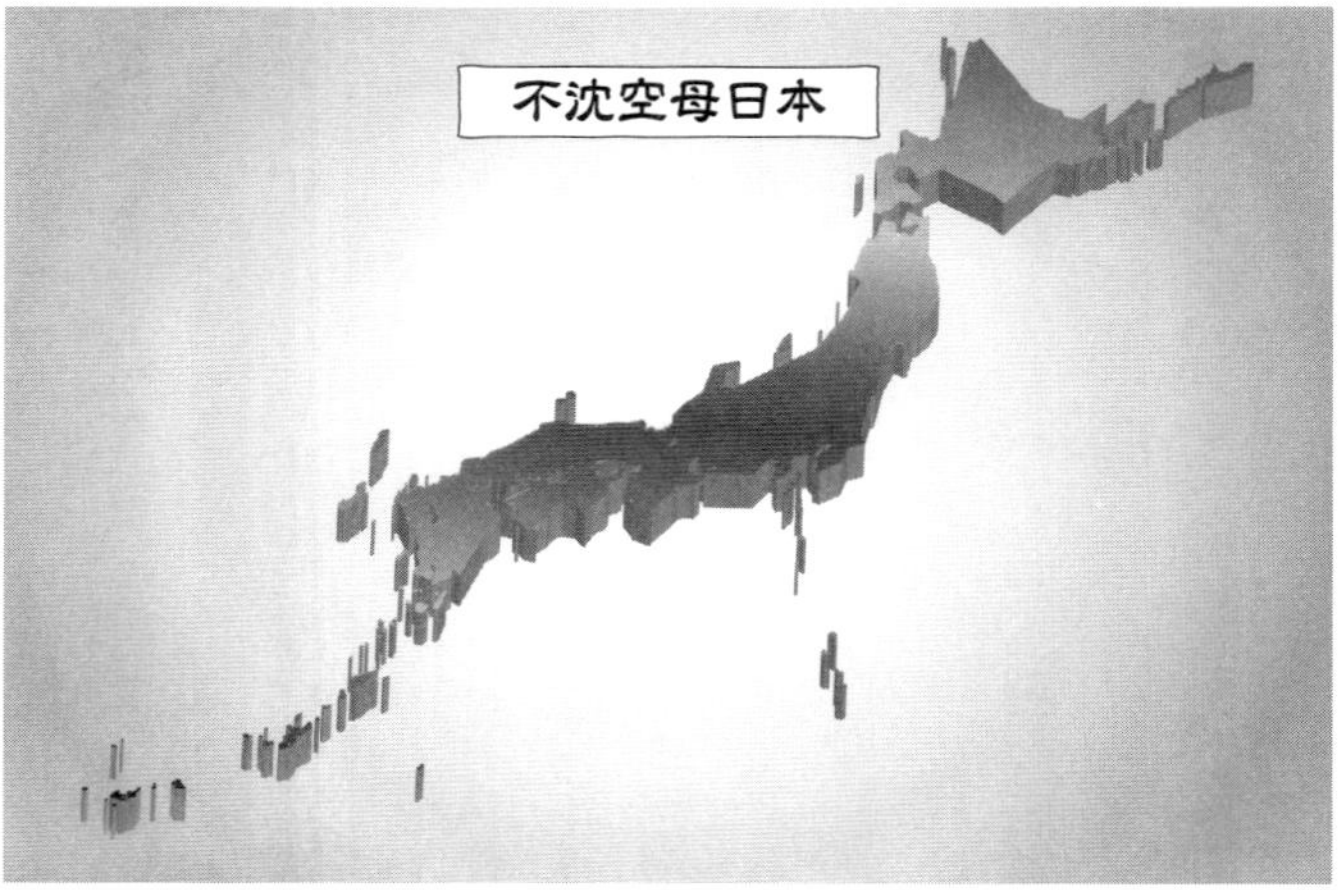

ＧＨＱの占領下からアメリカの庇護《ひご》によって半人前の独立を果たした日本において、「国防」とは「アメリカの国防」を意味してきました。それは前章で解説したサンフランシスコ講和条約、日米安保、国連憲章などの過程に鑑みれば、明らかです。

日本の自衛権は、アメリカの責任下においてのみ担保されています。

自衛隊は、その前身となる警察予備隊も含め、アメリカ軍の後方支援部隊として、アメリカの要請によって結成されたもの。さらに、日本国内にはアメリカ軍が駐留し、アジア最大の軍事拠点としてアメリカの威信を世界に誇示しています。

つまり、**戦後日本とは、主権回復時から一貫して、アジアにおけるアメリカの「不沈空母」としての役割を与えられているに過ぎない**のです。空母に搭載される航空隊は、あくまでアメリカ軍。日本は、その甲板というわけです。

内閣総理大臣は、空母の艦長ということになりますが、艦隊の司令官はアメリカ軍司令部です。アメリカ側の視点で言えば、戦後日本および政権与党である自民党は、そもそもアメリカ軍の一部として組織され、誕生を許したということです。

こうした事実は、終戦直後を知る世代にとっては当然のこととして受け止められていました。いわば戦後日本の国防とは、「アメリカ・ファースト」と言って差し支えないのです。

ところが、冷戦が終結し、平和ボケした日本において戦後生まれの世代が国民の大半を占めるようになると、このシンプルな事実が忘れ去られていきます。それどころか、「日本は自衛隊によって、専守防衛という世界に誇る国防政策を執り行っている」

という妄想はなはだしい勘違いが広まっている始末です。

しかし、**戦後日本において、政権が国民にこの国の国防の在り方や未来を提示し、その選択権を与えたことは一度たりともありません。**

では、何をもって平和国家を選び取ったと胸を張っているのでしょう？　いつ、その考え方がどのようにして国民のコンセンサスとなったのか、歴史的事実は皆無です。

日本が与えられたのは後にも先にも「アメリカの不沈空母」、つまり、西太平洋、インド洋の主戦軍である第7艦隊に所属する一隻の空母という役割に過ぎないのです。自衛隊はアメリカからミサイルを買って軍需産業を支えるとともに、国内では地域経済に貢献し、有事の際はアメリカ軍の後方支援の拠点となって奮闘する。それは専守防衛どころか、本来の日本の国防とはまったく関係のない行動と言えます。

また、自衛官や防衛大学校の生徒が制服で街中を歩くこともかなわず、逆に「自分たちは、ただの公務員ですよ」「戦闘行為に巻き込まれない自衛隊だからこそ入隊した」という、一般自衛官には普通である本音を漏らすこともできない。それゆえ、国民が自衛隊の本質を理解することもできない。

当然、こうした現状はアメリカにとって非常に都合のよい社会です。左翼が「自衛隊は違憲である」と社会から排除しようとすればするほど、国民の目から真実が遠ざかります。

お分かりと思いますが、アメリカにとって日本の左翼とは敵ではなく、国民の目を逸らすガス抜きに利用できる存在でしかありません。その証拠に、戦後の占領下や冷戦時においてもアメリカは共産党を叩くどころか、延々と泳がせていました。日米安保闘争に介入しなかったのも、日本の左翼が本質的にアメリカの脅威となり得ないことを知っていたからです。

つまり、政権与党を長く担当してきた自民党とそれに対立する左翼は、双方ともにアメリカの手のひらの上で転がされ、「日本の国防＝アメリカの国防」という構図を堅固に築き上げてきた。これが戦後70年の日本の姿なのです。

今こそ「国防の在り方」を国民が選択すべき時

そこで、何を差しおいても必要とされるのは、政権与党が国民に対して「日本の国防をどのように進めていくのか？」を問うことです。

日本の国防を、本来の「国民のため」の姿に立ち返らせるためには、国民自身が国防の方向性に対してコンセンサスを持つことが何より先決です。

日本に真の国防は存在していない事実を知っていれば、自衛隊や集団的自衛権が違憲か合憲かといった議論よりも、まず最初に、国防そのものについて国民投票を行うべきだと考えるのが当たり前でしょう。

そのコンセンサスが得られなければ、憲法改正など違法建築にさらに屋上屋を架す愚行でしかありません。

では、具体的に「日本の国防の在り方」には、どのような選択肢があるのでしょう？

私の考えでは少なくとも3種類の方向性があると考えています。

まず一つ目が、**現在の防衛費約5兆円にあたるGDP1%程度を、すべて海外のロビイングに費やすという方法です。**というのも、アメリカの核の傘に入っている現状においては、まずは自衛隊ゼロで日本国民を守れる可能性があるという地点から始めなければなりません。

たとえば、3兆円を中国、1兆円をロシア、5000億円を北朝鮮、残りをその他世界各国に、ODAや経済援助も含めたロビイングに使用するとします。すると、日本を攻撃することは経済的に大打撃で得策ではないという状況が生まれます。また、反日教育や反日感情が一転して、友好関係が熟成されていく可能性もある。そうなれば、日本はアジアにおける永世中立国の地位を確立できます。

二つ目は、専守防衛ではなく「**専攻防衛**」という考え方です。戦争兵器が圧倒的な火力を有し、さらにはサイバー攻撃により事前に相手国に甚大な被害を与えられる現代の戦争では、領土が直接攻撃を受けた時点で、その大勢は決してしまいます。ですから、専守防衛とは「攻撃を受けてから」では絶対的に間に合わない。

そこで、防衛力ではなく抑止力としての攻撃能力にのみ特化して予算を投じるという方向性です。

一昔前なら長距離弾道ミサイルにのみ年間5兆円を投じる。今なら巡航ミサイル搭載攻撃型潜水艦、もしくは特殊部隊とサイバー攻撃部隊に集中的に投資をする。

その結果、約22万人いる自衛官は1万人の特殊部隊員だけになるかもしれません。しかし、1万人の特殊部隊という攻撃能力は、世界標準を超えます。仮に実現すると、攻撃能力に限って言えば、アメリカ並みの軍事大国となることも可能です。

日本からは決して戦争を仕掛けない代わりに、圧倒的な攻撃能力を持つことで、他国から戦争を仕掛けられることもなくなる。いわば核の抑止力の日本版アレンジという形です。稚拙ながら北朝鮮もこの方法で国家を守ろうとしています。

最後の三つ目は、前述の二つの中間です。**経済的な防衛戦略と同時に、防衛費は実効力のある攻撃手段に絞り込んで投入する。**

ただ、この3つの選択肢のうち、一つ目の経済特化の防衛策は、北朝鮮がミサイルを開発し、中国が南沙諸島に爆撃機の滑走路を建設している現状にあっては、実現の可能性が低くなってしまいました。それゆえ、方向性は残しつつも、防衛費ゼロ、自衛隊ゼロという極論からは修正が必要となるでしょう。

この日本版永世中立国を実現させるためには、本来なら新日米安保条約を締結した昭和の岸信介首相の時代に、国民に国防の在り方を提示し、信を問わなければなりませんでした。

しかし、当時の日本の国力ではそれは叶わず、日本はアメリカの不沈空母の道を歩みました。

その孫である安倍現首相の現在は、日本は充分に国力を蓄え、アメリカの国防に貢献しながらも、独自に日本を守る道を歩むこともできます。ここで重要なのは、いわゆる安保法制に関する議論を、国防を巡る議論とはき違えてはいけません。

なぜなら、それらは「国防に関しては、アメリカの言いなりになります」という方向性、つまり自衛隊はアメリカ軍の下部組織であり、日本は不沈空母であるという前提を保持したまま、その上で、自衛隊を有効に動かしていくにはどうすればいいのかという本末転倒な議論だからです。

まずは**国防の在り方が先で、国民の選択した方向性に沿って自衛隊の在り方や日米安保、憲法改正が議論される。**これが正しい国家運営であり、日本国民を守る真の国防であるはずです。

第3章

「ニューワールドオーダー」

——冷戦後の世界情勢

戦争が誘発され続ける世界

前章で、私は三つの日本の国防プランを提示しました。

①「軍事費を縮小し、経済援助やロビイング中心の専守防衛」
②「軍事費を攻撃能力に一点集中した専攻防衛」
③「経済活動と攻撃能力の特化を並行させた折衷案」

これらのプランは、いずれも現在の日本の姿とはかけ離れたものです。それゆえ、「アメリカの機嫌を損ねてしまったら国防どころではないじゃないか！　まったく現実味がない」と反発する人も少なくないかもしれません。

ただ、そうした人々は世界の情勢に対して、決定的に理解が足りていないことも事実です。

たとえば、よく私のもとに「最近、にわかに戦争が多くなり、日本が巻き込まれてしまわないか心配です」という質問が届きます。彼らは、知らないのです。最近どころか、終戦直後から世界では戦争が断続的に起こっていたことを。

その手始めが１９５０年に起きた朝鮮動乱。この朝鮮動乱を機に、日本で警察予備隊がアメリカ軍の後方支援部隊として結成され、後に自衛隊となる。つまり、まずこの時点で日本が戦争に巻き込まれていることを忘れてはいけません。

１９４８〜５０年に中国では、人民解放軍によるチベット侵攻がありました。海を隔てた隣国で、ひとつの国家が戦争によって制圧されたのです。

その後、ベトナム戦争、ソ連のアフガニスタン侵攻、さらに２０００年代のイラク戦争など、世界で起きた戦争を数え上げたら切りがありません。

アジアに限っても、インドとパキスタンは核戦争の一歩手前の危険な状態であり、インドは中印国境紛争をはじめ、中国とも長らく実質上の戦争状態にありました。

つまり、中国の南沙諸島侵攻や北朝鮮の核実験に匹敵する、いやそれ以上の戦争が断続的に起こっていたわけです。

そんな中、日本人はアメリカの庇護の下で、TVのバラエティ番組やアイドルに熱狂し、「日本は戦争を放棄しているから関係ない」と能天気に構えていただけです。

ただ、こうした能天気さも1991年のソ連崩壊による冷戦終結までは、それでよかったのです。というのも、冷戦下の戦争は、アメリカとソ連という二大超大国による代理戦争であったからです。

「当然そんなこと知っているよ」と言う人もいるかもしれません。しかし、その背景まで詳細に理解している人はどのくらいいるでしょうか。理解していても、今なお20世紀のイメージで国際情勢を捉えている人もいるはずです。

朝鮮動乱も冷戦の産物です。ソ連がアフガニスタンに侵攻すれば、アメリカが反ソ連分子を育成・支援する。

二大国同士が全面戦争に突入すれば世界が崩壊しますから、直接お互いの領土に攻撃を加えることができず、その代わりに局地的な戦争が引き起こされたのです。

では、当時の日本の立場はどうであったか？

沖縄にはアメリカ本土外では最大のアメリカ軍基地があり、世界最強の第7艦隊が駐留している。

つまり、日本は軍事的にはグアムやハワイと同じく、アメリカの領土でした。朝鮮や中国、ベトナムで戦争を行うための補給基地、それが日本なのです。

前章で「戦後日本はアメリカ軍の不沈空母として作られた」と述べました。沖縄返還までは、実際に沖縄はアメリカの領土で、日本人が渡航するにはパスポートが必要だったのも、すでに述べた通りです。

ですから、日本を攻撃することは、アメリカ領土を侵犯することと同義であり、その意味で、日本が戦争に巻き込まれる可能性はほぼゼロに等しかった。それが冷戦下の日本の立ち位置です。

冷戦を機に世界秩序は変わった

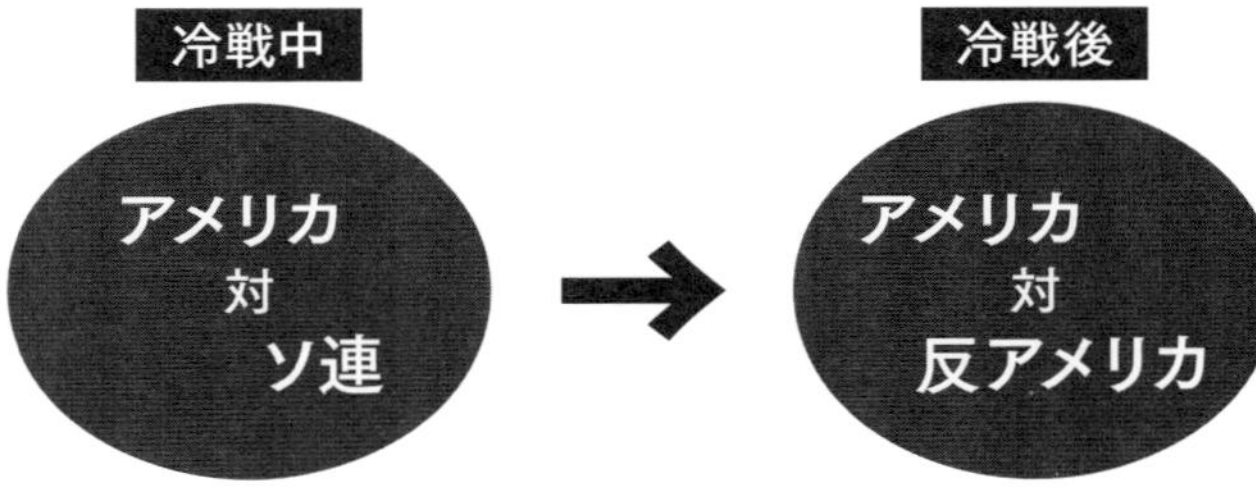

　ところが、１９９１年のソ連崩壊によって冷戦が終結してしまった。これにより世界の秩序は一変します。それまで〝西側の警察〟であったアメリカは、〝世界の警察〟となり、超大国がひとつになった。すると戦争の構造は、自ずと**「アメリカ対ソ連」から「アメリカ対反アメリカ」という形に移行したのです。**

　たとえば、ウサマ・ビンラディンが率いるアルカイダは、もともとアメリカが対ソ連のために、アフガニスタンで育てたムジャヒディーン（イスラム義勇兵）が起源です。しかし、ソ連が崩壊したことで用済みとなった。

　アメリカ側の論理としては「もう必要ないから

解散しなさい」ということですが、当事者たちは「利用するだけ利用して切り捨てるのか!」となります。結果、育ての親であるアメリカに牙をむくこととなったのです。アフガニスタンでは現在でも、米兵が毎日のように犠牲になっているのは前に書いた通りです。

イラクやシリアの反米政権にしてもそうです。冷戦下では、ソ連という強大な圧力があった。冷戦とは裏を返せば、全面戦争を絶対的に避ける、ギリギリの緊張関係の持続ですから、過激な反米勢力に対してはソ連から「あまりやり過ぎるなよ」と圧力がかかるのは当然です。ソ連崩壊とは、その箍《たが》が外れてしまったことを意味します。

こうなるとソ連とアメリカの代理戦争という構図でお茶を濁すことはできません。アメリカ軍が直接手を下す必要が出てきます。なぜなら、2001年の「9・11」同時多発テロのように、ソ連という箍が外れた反米勢力はダイレクトにアメリカ領土を攻撃することを厭わないからです。

ですから、9・11のカウンターとして勃発したイラク戦争では、スクリーミング・

イーグルスの愛称で名高い第101空挺師団や特殊部隊などアメリカ軍の本丸とも言える部隊が戦線に投入されました。
冷戦下の代理戦争では、海兵隊の一部や空軍が制空権確保に投入されることはあっても、本格的な戦争状態を意味する主戦力の投入はありませんでした。

これは、アメリカ国民にとって衝撃的な出来事です。

「アメリカ対反アメリカ」という構図の下で、アメリカ国民は、自分たちが最前線に立って、当事者として戦争に直面しなければならないことを理解した。この時点で、いつまでも戦争と無縁でいられると思い込んでいる日本国民とは、すでに決定的な意識の差があります。
しかし、こうした危機的状況は、アメリカ帝国主義の暴走をも加速することとなりました。

冷戦下においては、反米を掲げていた国や勢力は、とりあえずソ連の庇護を受けることで、外交上の対立は「アメリカ対ソ連」という緊張関係に集約されていました。ところが、ソ連崩壊によって、アメリカはそれらの国や勢力に対して、改めて「アメリカの味方になるのか？　敵になるのか？」という判断を突き付けることが可能になりました。その最たるものが、ウクライナの内戦への介入です。

2014年、クリミア半島で勃発したこの内戦は、当初、住民投票によって約96％の賛成多数（投票率83％）でロシアへの併合が可決されていました。しかし、そこに割って入り、CIAのオペレーションによって内戦をたきつけたのがアメリカです。ですが、よく考えてみてください。ウクライナはもともとソ連の一部でしたから、ロシアへの併合にアメリカが介入すること自体が筋違いなのです。

その他にも、アメリカは「〇〇スタン」と名のつく旧ソ連の衛星国、シリア、イラク、イランなど、かつてソ連の支配下にあった地域に次々に介入し、ある国ではCIAの工作によって親米政権を樹立し、またある国では反米勢力を戦争によって一掃する。こうした活動は、アメリカ対反アメリカの図式でアメリカを守る、つまり、「国防」の行為として認識されているのです。

仮に1991年にソ連が崩壊せず、今でも冷戦が続いていたのなら、9・11もウクライナの内戦もイラクやシリアの戦争も起こっていなかった可能性は高いでしょう。

つまり、冷戦終結とは反米勢力の箍を外すと同時に、「国防」という大義で新たなアメリカ帝国主義を加速させ、両者が極めて簡単に戦争を起こせる新しい世界の秩序——ニュー・ワールド・オーダーを築き上げてしまったのです。

こう私が言えば、「そんな悲惨な世界なんて認められるか！」とほとんどの方は憤慨することでしょう。冷戦の方がマシだったなんて考えられない。それがほとんどの日本人の感覚かもしれません。しかし、それこそが事実誤認による意識のズレなのです。

「戦争を起こしたくて起こす奴なんているのか？」と思うかもしれませんが、現実世界には「いる」のです。**このニュー・ワールド・オーダーによって得をする人々。そ**

れは、国際金融資本と軍需産業です。

思い返せば、戦前日本の富国強兵、戦後日本の経済復興は、ともに日清・日露戦争、朝鮮動乱という戦争によってもたらされたものです。

戦争は「金」になる。裏を返せば、ほとんどの戦争は「経済」によって引き起こされるのです。戦争当事国の通貨は価値を失いますから、国際金融家は両方に高利でお金を貸せます。明治維新がまさにそうでした。戦争が起これば軍需産業が潤うのは言わずもがなで、政情不安をデリバティブという金融工学で巨万の富に換えるのが国際金融資本です。

しかし、だからといって火のないところに煙を立てては国際的な非難を免れません。彼らにとって必要なのは**戦争を正当化する火種、つまり、「貧困」です。**

国際金融資本の標榜する新自由主義経済が格差と貧困を生み、それを火種に戦争を起こすことで、軍需産業と金融資本が焼け太る。

その象徴的な事例が、1973年アウグスト・ピノチェトによるクーデター後、強引な市場経済の導入で崩壊したチリでしょう。社会主義政権を倒すことに成功したピノチェトはアメリカの助けのもと、長期にわたり軍事政権を作りました。経済政策は新自由主義政策をとり、格差が増大することになります。

それでも当時は冷戦下だったので、東西陣営の代理戦争の意味合いがありました。しかし、アメリカ一強となったニュー・ワールド・オーダーにおいては、ウクライナしかり、チリのように資本家が焼け太るサイクルをアメリカが自由にコントロールして生み出すことが可能となっています。

つまり、現在起きている戦争は、そのほとんどが軍需産業と国際金融資本が引き起こしていると言い換えることもできる。当然、各地にアメリカ憎しの反米遺伝子を産み落としており、それがまた新たな火種となり、戦争を誘発する。

こうした状況下で、**アメリカの不沈空母として属州同然の地位に甘んじていることが、いかに危険であるのか**を、私たち日本国民は深く理解しなければならないのです。

アメリカ隷従を続ける日本の危険性

アメリカ領土への直接攻撃の可能性がほぼ皆無だった冷戦下においては、アメリカの不沈空母であることが日本に平和をもたらしたのは事実です。しかし、冷戦後のニュー・ワールド・オーダーにおいて状況は一変しました。

にもかかわらず、日本は20世紀以上に、アメリカ隷従の色を強め続けています。トランプ大統領来日時の政府やメディアの卑屈とも言えるレベルの態度がまさにそれを表しています。これがいかに危機的状況なのか、もう少し詳しく説明していきましょう。

そもそも冷戦下においては、日本は国際的に存在価値の薄い国でした。1955年から1973年の第一次オイルショックまで年平均10%という高度経済成長を遂げましたが、それはもともとの分母が小さい、発展途上国だったからに過ぎません。つまり、アメリカを中心とした西側諸国の中では、経済的にも軍事的にも期待できない小国だったのです。だからこそ、アメリカの属州、アメリカ軍の補給基地として機能していれば、それで十分だった。

その証拠に、冷戦下ではCIAやKGBといった諜報機関が重要な役回りを演じていましたが、日本にCIAの精鋭は駐在しておらず、それどころか新米諜報員の研修場となっていたと言います。要するに訓練の場でしかなく、六本木で酒を飲み、うっかり公安に身分がバレたら米軍基地経由で帰国し、上司の説教を食らう。そんな長閑《のどか》な国であり、同時に世界から本気で相手にされていない国という位置づけであったのです。

それでも一応、アメリカからは年次要求として常に「軍備を強化し、自衛隊がアメリカ軍を守れるようにしなさい」という要望は届いていました。

しかし、国内の戦前・戦中世代には根強い反米感情があり、また国民の中にも再軍備への反発心があったので、政権与党はのらりくらりとやり過ごし続けました。そして、田中角栄首相など一部のリーダーシップのある人間を除き、多くの首相はやり過ごすうちにスキャンダルで辞任してしまいました。

結局、「アメリカに対する日本のスタンス」や「日本の独自の国防」について生産的な進展はなく、国民の判断も問われぬまま、バブル景気によって日本は世界第2位の経済大国へと変貌していきます。1989年には三菱地所がロックフェラーセンターを買収するなど、軍事面はともかく、経済面では日本とアメリカは肩を並べる同盟国となった。そして、1991年に冷戦終結を迎えます。

以後、「アメリカ対ソ連」という構図が崩壊した中で、軍事的にはアメリカ一強とはいえ、世界各国はそれぞれの国力に応じて責任を果たすことが求められるようになります。国連軍、多国籍軍がクローズアップされるようになったのも、日本がPKOに参加するようになったのも、冷戦終結以降においてです。

この時点において、私は日本がGDP世界第2位の大国としての責任を本気で果たす気があったのなら、世界の新秩序の主役にさえなり得たと考えています。

つまり、私が提示した防衛費ゼロの経済特化による専守防衛の確立は1980年代や90年代ならやれたのです。

先述したように、いくら軍需産業や国際金融資本が戦争を欲したとしても、火種となる「貧困」がなければ動きようがありません。ということは、経済大国である日本が旗振り役となり、貧困問題の解決に乗り出すべきだったのです。

戦争の火種となる貧困問題の解決が、日本の理想とする専守防衛に繫がる。こうした高次の政治観を持つ政治家が当時いれば、今頃は日本はアメリカとともに世界のリーダーとしての地位を確固たるものにできていたはずです。

ところが、1991年と言えばバブルがはじけ、自分たちの利益を確保することが最優先の時代です。戦争のことは、アメリカが何とかしてくれる。とりあえず、アメリカに追従しておこうという論理しか当時はなかった。

このようにして、戦後アメリカの属州として扱われてきた日本が、真の主権国家として国際舞台の主役に躍り出る千載一遇の機会を逸したのです。

そして、冷戦終結時には空前の不景気に見舞われていたアメリカは、各地で戦争を引き起こし、息を吹き返します。

日本がけん引することができた平和的な新秩序の芽は潰え、「アメリカ対反アメリカ」の対立構造によるニュー・ワールド・オーダーが確立されてしまった。

その意味で、世界に平和をもたらすどころか、保身に走って戦争の火種をばらまいた日本の罪は非常に大きいと言わざるを得ません。

こうした経緯を踏まえて、日本は平和国家だから戦争に巻き込まないでくれと言ったところで、誰が耳を貸してくれるというのでしょう。むしろ、アメリカの同盟国の一番手として、反アメリカ勢力の標的とされてもまったくおかしくありません。

北朝鮮が日本と敵対する理由

悪の枢軸と呼ばれ、日本とは拉致問題をはじめとしてミサイル問題など敵対関係にある北朝鮮ですが、おそらく今の日本の若い世代で、「なぜ北朝鮮が日本と敵対しているのか？」という根本的な背景をきちんと理解できている人は少ないのではないでしょうか？

とりあえず、「日本人を拉致したから」「ミサイルを撃ってくるから」「独裁国家だから」などのニュースで伝えられる断片的な情報をまとめて、「北朝鮮は悪」というイメージを膨らませているだけだと思います。

しかし、国防を考える上では、もっと大きな絵を理解しなくてはなりません。

そもそも北朝鮮は、朝鮮動乱によって朝鮮半島が38度線によって南北に分断されたことで誕生しました。そして、この朝鮮動乱は紛れもなくソ連とアメリカの代理戦争です。

つまり、実質上の国の成り立ちとして、北朝鮮はソ連の属国、韓国（大韓民国）はアメリカの属国としてスタートしている。この原点を忘れてしまっている人は、意外と多いと思います。

しかし、年月とともに記憶が薄れてしまったとしても、2013年にロシアと北朝鮮を結ぶ鉄道が開通したように、いまだに北朝鮮はロシアの強い影響下にあることは間違いありません。その気になれば、ロシアの特殊部隊が一夜で平壌を制圧することも可能なわけです。

一方、韓国にしても首都・ソウル近郊に大規模な米軍基地があり、韓国軍は自衛隊以上にアメリカ式。経済面でも、実質上アメリカの機関であるIMFの傘下に収まっています。つまり、北朝鮮と韓国の立場は、朝鮮動乱終結時からほとんど変わっていないのです。

ただ、北朝鮮はロシアの影響下にありますが、国境を接する中国が台頭すると、経済面で中国に頼らざるを得なくなった。ですから、正確にはロシアと中国の影響下にあると言っていいでしょう。

では、ロシアと中国とはどのような国なのか？

ソ連崩壊後、ロシアとなって西側諸国に編入したとはいえ、クリミア半島をめぐる経済制裁を見ても明らかなように、ロシアとアメリカは依然として敵対関係にあります。そして、GDP世界第2位となった中国は、建前上はいまだに共産主義国家。つまり、アメリカの最大の敵であるわけです。

ですから、この両国の弟分である北朝鮮が反米であるのは、ある意味当たり前のことであり、大きな絵で理解するのであれば、拉致問題やミサイル問題は「北朝鮮対日本」ではなく「ロシア・中国対アメリカ」に基づいている。したがって、国際情勢において日本がアメリカの属国と見なされている限りにおいて、日本が独自に拉致問題やミサイル問題を解決することなど到底不可能なのです。

にもかかわらず、国内のニュースでは北朝鮮と日本の二国間の問題であるかのように矮小化して報道される。これでは、国民に正しい国防についての意識が根づくことなどあり得ませんし、いたずらに両国民の敵対心を煽るばかりです。

では、こうした大きな絵を理解した上で、北朝鮮問題に対処するならば、どのような方法があるのでしょう？

もちろん、ロシアや中国に働きかけるという手が考えられますが、現政権のトランプ式立ち位置では難しいでしょう。そこで、もう一つ別のルートが浮かび上がります。それは、**イランにコンタクトを取る方法です**。

イランは２０１５年にアメリカ、ＥＵなどの6カ国と核合意を締結しました。最終合意に基づく包括的共同行動計画により、イランの核開発の制限がなされていますが２０１７年10月にはトランプ大統領の「イランは核合意を順守していない」という表明により、あらためてクローズアップされています。

私が数年前、イスラエルのテルアビブで開催されたミサイル防衛会議に出席した時のことです。世界各国から将官が集まる中で分かったのは、**北朝鮮のミサイルにはイランの技術が関与している**ということです。

実は、北朝鮮の実験で飛ばされたミサイルは、そのまま海に落ちて終わりではなく、極秘裏にアメリカ軍（韓国軍）が回収して解析しています。すると、基本的な技術は旧ソ連のものですが、エンジンの技術にはイランのミサイルと共通している部分があることが判明したのです。その上で、北朝鮮独自の技術も組み込まれていたというわけです。

この一連の話を単純に「イランは北朝鮮に加担してけしからん！」などと捉えてはいけません。北朝鮮がイランから技術者を招聘してまで、ミサイル開発に投資する理由。それは、「世界に北朝鮮製のミサイルを売りたい」からです。そう、経済力のない北朝鮮にとっては、ミサイルは貴重な外貨を稼ぐ手段という側面があるのです。

ミサイル実験のニュースを目にして、多くの日本人は「なぜ北朝鮮は勝てもしないのに、日本やアメリカに喧嘩を売るような真似をするんだ？　恐ろしく得体の知れない国だ」と不思議に思っていることでしょう。

しかし、そこに「世界に向けた北朝鮮製ミサイルの展示会」という意味合いが含まれているとすればどうでしょう？　戦争は経済が引き起こすと述べましたが、北朝鮮のミサイル実験にも当然、経済的な理由が存在しているのです。

したがって、北朝鮮経済の命運を賭けたミサイル技術の経済的成功の可否を握るイランの言うことならば、北朝鮮はある程度聞き入れざるを得ない。しかも、イランは円建てで原油取引をするほどの親日国です。

国防を含めた広い視野を持った外交を考えるならば、決して「北朝鮮対日本」という矮小化された二国間の敵対関係によって判断を下してはなりません。

アメリカ最大の敵・中国

北朝鮮問題は、大きな絵として「ロシア・中国対アメリカ」の構図があると述べました。だからこそ、アメリカは中国に対して北朝鮮への対処を迫っているわけですが、おそらく中国は動かないでしょう。

なぜなら、先述したように中国は世界最大の共産主義国家であり、アメリカの最大の敵であるからです。これはもちろん、中国にとっての最大の敵がアメリカであることも意味します。

ただし、かつての冷戦における「ソ連対アメリカ」の構図と異なるのは、中国がアメリカに対抗する手段として「経済」に重点を置いている点です。言うなれば経済戦争を仕掛けているのです。

国防における対中国に関して、軍事力だけを比較して「中国はアメリカには到底及ばない。だから、アメリカの下についていれば日本は安心だ」と高を括っていては危険です。

たしかに軍事力では大きな差がありますが、中国の本丸はアメリカメディアの買収。現在、ハリウッド映画にもっとも投資をしている国が中国なのです。**軍事力でアメリカに対抗することは至難の業でも、アメリカの世論自体をコントロールしてしまえば、**

それは戦争に勝ったも同然というわけです。

では、なぜ中国がアメリカに経済戦争を仕掛けられるほど成長できたかというと、「二重相場制」というカラクリがあります。

簡単に説明すると、通常、ある通貨を大量に刷った場合、対外的には通貨安が引き起こされますが、中国共産党政権が外貨と交換される元の量をコントロールすることで、国内でどれだけ元を刷っても為替に影響を与えないようにしたのです。

その上で、中国は日本を中心に、海外から調達した資金で国内に投資を行います。北京空港や高速道路がほとんど日本のODA（政府開発援助）で作られているのは、周知のことでしょう。

インフラを整備したら、工場を作ってどんどん商品を生み出していく。労働力は、国内で元を無尽蔵に刷ることで賄うことができます。しかも、元を刷った分だけGDPも成長していくのでインフレも起こらない。二重相場制で対外的な通貨安も起こらないというわけです。

この巧妙な成長戦略は、中国共産党幹部がウォールストリートと手を組んだことで実現しました。アメリカの敵である中国をウォールストリートが支援するはずがないと思うかもしれません。しかし、国際金融資本とは自らの利益が最大の目的であり、そのために戦争を引き起こすことも厭わないような集団です。国益よりも私利私欲を優先させるのにためらいはありません。

皮肉なことに、ロシアはウォールストリートと手を組まず、独自にルーブルという通貨を強くしようとしたことで、経済的に大きな後れをとり、いまだにロシアのGDPははるかに小さな韓国と同じです。

日本のODAを利用し、ウォールストリートと手を組んで圧倒的な経済発展を遂げた中国。その中心には、日本の10倍以上の人口の中から選りすぐられ、エリート教育を施された共産党幹部がいます。

共産党員といっても、中身はハーバード大学に留学してMBAを取得するような資本主義のプロであり、彼らはアメリカという国の本質、アメリカを支配する国際金融資本の本質を見抜いています。

つまり、アメリカは儲かりさえすれば容易く国民の利益を犠牲にするエリートが動かす国であると。だからこそ、メディアに出資し、世論をコントロールすることで、経済戦争という局面でアメリカに勝利できると確信しているのです。

これは日本の国防において、まったく無関係ではありません。

アメリカの世論が中国にコントロールされ続ければ、日本はいつアメリカに切り捨てられてもおかしくないということ。冒頭で、敵国条項の存在により、中国が日本に戦争を仕掛けてもアメリカは動かないと述べましたが、その理由は中国のメディア支配という根拠もあるのです。

また、多くの日本人は気づいていませんが、日本の民放テレビ各局はすでに外資に乗っ取られている状態です。放送法では、株主構成における外資比率は20％までと制限されていますが、２０１７年10月の証券保管振替機構のデータによれば、フジテレビと日本テレビは外資比率が20％以上で違法状態にあり、最大手の広告代理店・電通にいたっては25・６％が外資です。ただし、日本のファンドを通しているので総務省は手を出せません。

ということは、ウォールストリートが中国と手を結んでいる以上、日本のメディアも中国に支配されかねないということです。

このような状況下において、対中国はアメリカが何とかしてくれると、まだ言い続けられるでしょうか？　日本独自の国防は必要ないと言い切れるでしょうか？

世界情勢を正しく理解した上でなければ、本当に国民の利益を守るための「国防」は、決して語れるものではないのです。

第4章

世界の軍事の現状を考える

「一帯一路」――世界を牛耳る中国の野望

前章でアメリカの最大の敵は中国であり、中国は経済戦争により世界の覇権を握ろうとしていると述べました。その脅威について、もう少し詳しく解説しておく必要があるでしょう。

皆さんの記憶にも新しいＴＰＰ（環太平洋パートナーシップ協定）。これは、アメリカを中心とした経済圏の構築を目指す構想ですが、中国も中国中心の一大経済圏構想に着手していたことは、あまり知られていません。２０１４年のアジア太平洋経済協力首脳会議で習近平国家主席が提唱したこの構想は「**一帯一路**」と呼ばれるものです。

「一路」とは東南アジアから中東、アフリカまでを結ぶ海路のことで、「一帯」とは中国から中央アジアを経由してロンドンまで繋がる陸路。つまり、陸と海に現代版シルクロードを敷く構想であり、周辺国のインフラ整備を支援することで、アジア・中東・アフリカ・ヨーロッパを一挙に中国の経済的支配下に置こうする戦略です。

TPPはトランプ大統領就任とともに頓挫していますが、この一帯一路は着々と進行中です。

2017年1月には、中国東部の都市・義烏《ぎう》からロンドン(東部のバーキング駅)まで直通する国際貨物列車の運行が始まりました。18日間で約1万2000キロメートルの道のりを結びます。鉄道面では、アフリカにおいても2017年5月、ケニアの首都・ナイロビとインド洋に面する港湾都市モンバサの間に全長480キロメートルの長距離鉄道が中国の支援により開通。建設には約38億ドルの資金が必要で、その約9割を中国が出したと言われています。さらに、これをウガンダ、南スーダン、ルワンダ、ブルンジ、エチオピアといった周辺諸国にまで延ばし、アフリカを網羅する鉄道網の建設を目指しています。

この動きが、先述したジブチの人民解放軍初となる海外基地開設とリンクしていることは言うまでもありません。ジブチは、中国からアフリカまでの海路とアフリカ大陸内の鉄道を結ぶ要衝であるからです。

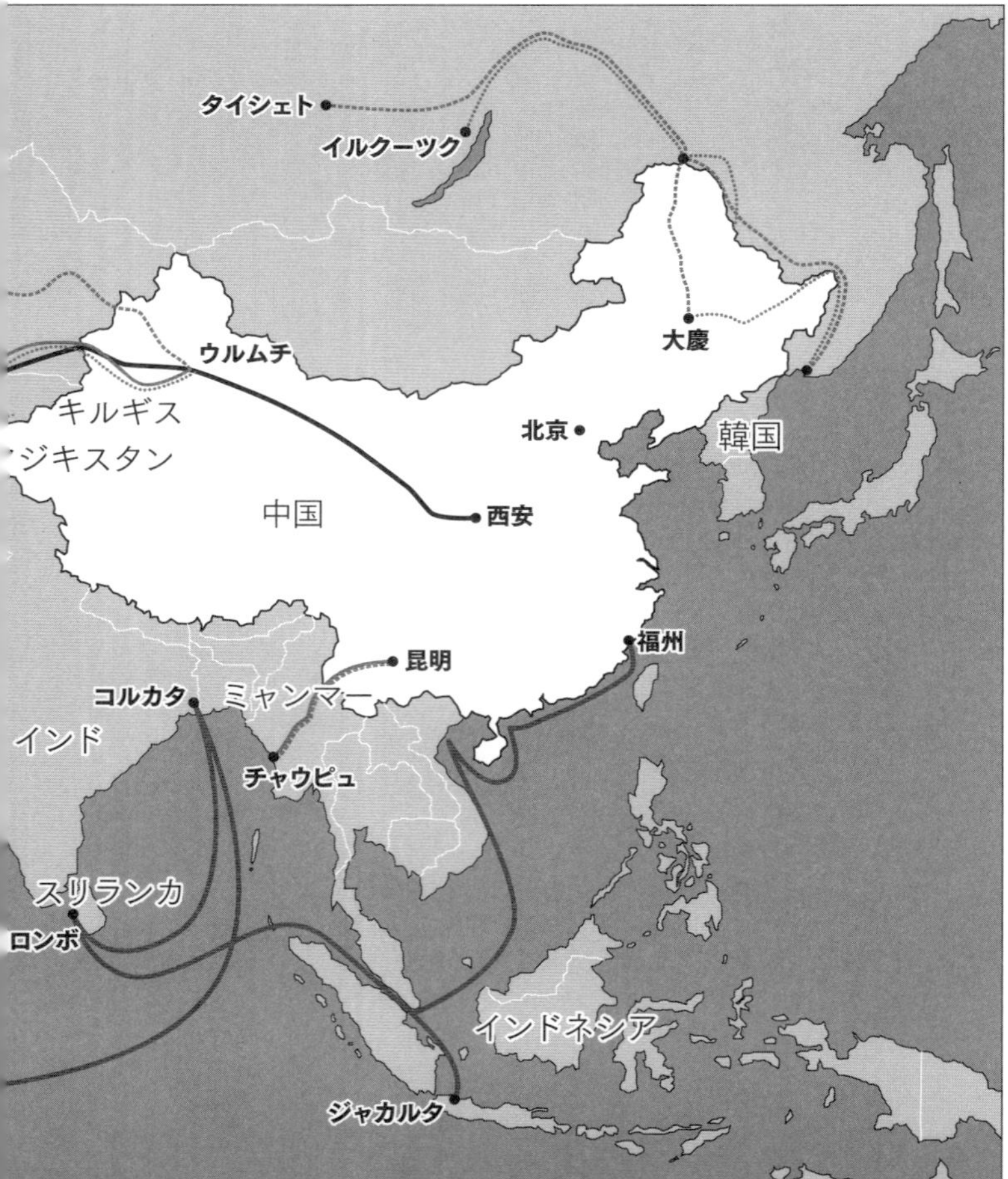
タイシェト
イルクーツク
大慶
ウルムチ
キルギス
ジキスタン
北京
韓国
中国
西安
福州
昆明
コルカタ
ミャンマー
インド
チャウピュ
スリランカ
ロンボ
インドネシア
ジャカルタ

シルクロード経済ベルト構想

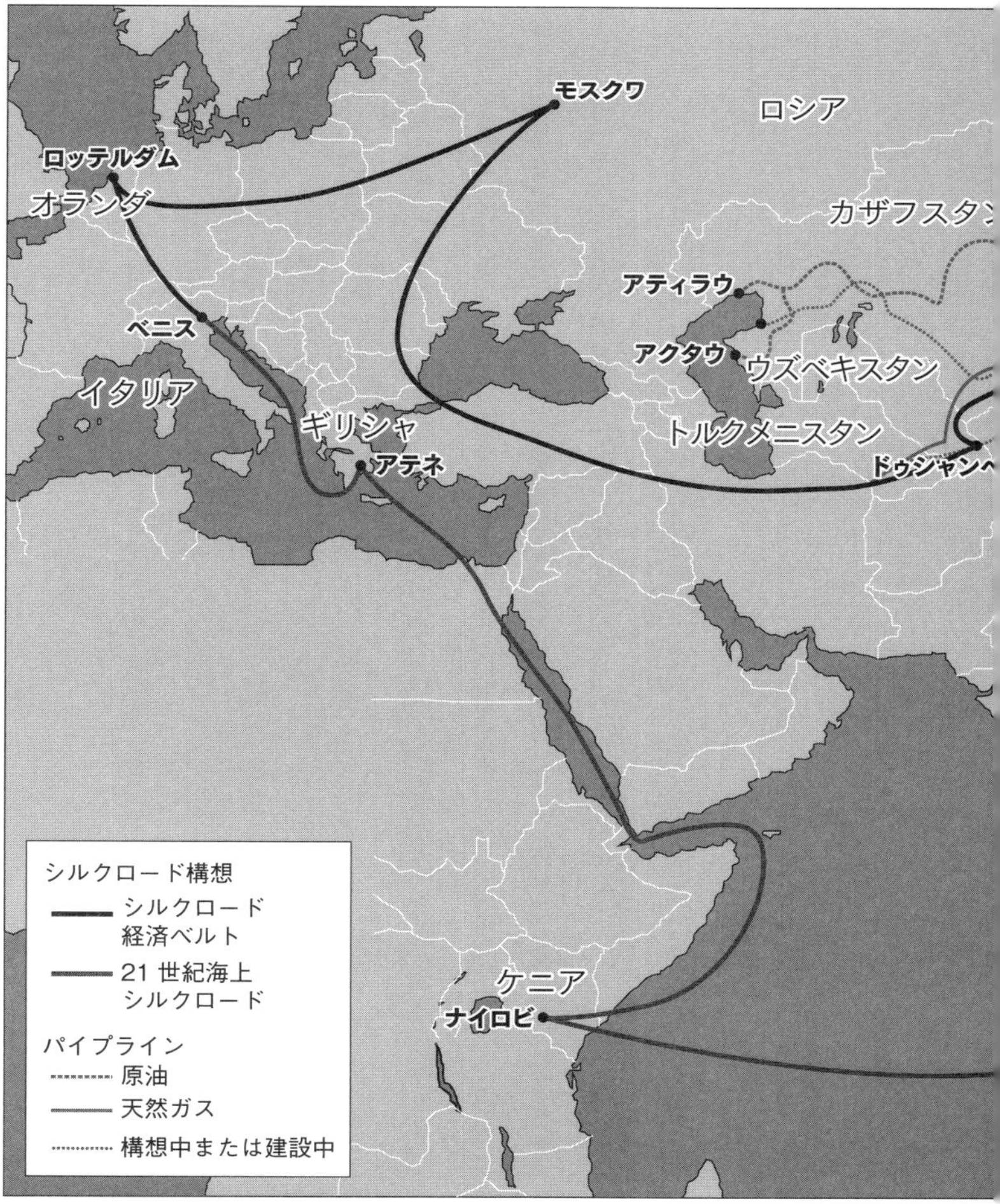

出典：『東アジア戦略概観2015』防衛省防衛研究所
これをもとに一帯一路は2015年からさらに進行している。

そして、このＴＰＰよりはるかにスケールの大きい一帯一路を陰で支えているのが中国のかつての宗主国イギリスです。

２０１５年には習近平国家主席とキャメロン首相（当時）がイギリスに中国製の原子炉を導入することで合意し、すでに着工しています。日本人にとって意外なことかもしれませんが、**現在、イギリスは中国と蜜月の関係にあるのです。**

一般的にはアメリカの同盟国という認識のイギリス。しかし、実権を握る金融資本家「シティオブロンドン」は〝アメリカ憎し〟が大勢を占めています。

というのも、19世紀まで金融の中心地であったロンドンは、20世紀以降、完全にアメリカのウォールストリートにその地位を奪われてしまいました。金融の世界では、すでにポンドはドルに勝ち目がなくなってしまった。

そこで元、つまり中国と手を組むことで捲土重来《けんどちょうらい》を期そうというのです。イギリスがアメリカ寄りのＥＵから脱退したのも、中国への接近と無縁ではありません。

こうしてイギリスの後ろ盾を得た人民元は、実質上、国際基軸通貨としてのポジションを確立。その上で、２０１３年に中国主導で設立されたＡＩＩＢ（アジアインフラ投資銀行）を通じて、海外に次々に鉄道や道路や橋を建設していきます。

これはまるで、かつてバブル時代の日本がＯＤＡによって途上国のインフラに投資して回った政策の模倣。つまり、アメリカまで買い占めようという当時の日本の破竹の勢いを見て、中国はつぶさに学んでいたのです。

一方、当の日本はアメリカの言いなりでＢＩＳ（国際決済銀行）の規制を受け入れ、バブル崩壊から凋落の一途をたどりました。もちろん、第二次安倍政権の時代になってから「地球を俯瞰《ふかん》する外交」で東アジアに影響力を維持し、中国をけん制していますが、実際は、時すでに遅し。中国の圧倒的な攻勢を前に、劣勢というのが現実です。

冷戦終結時、日本が経済援助によってニュー・ワールド・オーダーの主役に躍り出る可能性があったと指摘しましたが、同じように、今まさに中国が経済によって世界を支配しようとしているのです。

こうした点を踏まえると、中国の南沙諸島進出も容易に理解できます。南沙諸島は一帯一路における海路の要。シーレーン（海上交通路）の確保として当然の戦略ですし、尖閣諸島へちょっかいを出しているのも同様のロジックです。

さらに、2015年12月の中国の内部会議で、経済圏構想の裏側にある軍の海外拠点展開が語られていたことが分かりました。

会議の中では、中国海軍のインド洋展開のためには「補給基地」の必要性が提示されました。読売新聞2017年8月21日『「一帯一路」軍展開の野心』の記事によると、国有海運会社「中国遠洋運輸」などの中国企業に「商用名目で他国の港の使用権を獲得させ、海軍の停泊、補給地点とすべきだ」との主張がなされたと言います。

2015年4月には習近平国家主席がパキスタンを訪れます。中国とパキスタンは、インド洋に面するグワダル港をベースにした経済協力を締結することになったのです。2016年1月には中国遠洋運輸が、ギリシャのピレウス港の運営権を買収するなどの動きもありました。

この一帯一路が経済圏の構築を目指すと同時に、軍事展開戦略とも密接に関係していることも理解しておく必要があるでしょう。

日本を軍拡させたい中国

このように中国が経済戦争で世界を支配しようと目論むのには、ある現実的な理由があります。それは、軍事力ではアメリカや日本に太刀打ちできないからです。純粋な軍事力だけを比較すれば、世界最強がアメリカ、次いでロシアでNATO、日本となります。

自衛隊は、北海道の陸上自衛隊のようにおよそリアルな国防とは無縁な部隊も多く存在しますが、方向性の問題を度外視すれば、技術水準や練度は世界最高峰。中国海軍と自衛隊が日本海でぶつかれば、まず自衛隊が勝ちます。日本近海に限られますが、自衛隊の対空、対艦能力はアメリカ軍の装備ですから当然です。

こうした比較をもってして「中国など恐るるに足らず」と慢心する向きもあります。「日本が本気で軍拡すれば、中国も北朝鮮も物の数ではない」と。

しかし、それこそが中国の思う壺なのです。

中国が海上自衛隊には勝てないと知りながら、尖閣諸島に何度も介入する意味。中国の弟分である北朝鮮がミサイル実験を繰り返す意味。それは、日本の危機感をあおり、軍拡を進めてほしいからです。

軍事費とは、もっとも経済を疲弊させる要素でもあります。ソ連が崩壊したのは、軍事費を増大させ過ぎて、経済がもたなくなったから。軍事費の増強によって儲かるのは、世界のごく一部の軍需産業だけです。

実際に戦争が起これば様々な需要が生まれますが、「戦争の準備」をしている段階では、軍拡すればするほど国内経済は疲弊し、景気が悪くなっていきます。軍拡によって疲弊した経済を立て直すために、戦争が必要となる。こうして戦争の極めて不毛なサイクルが生まれるわけです。

ところが、現代においては、各国はさまざまな事情が複雑に絡み合い、むやみに戦争を起こせませんから、軍拡は経済の癌でしかありません。特に、国内に軍需産業の乏しい日本は大打撃を受けます。

北朝鮮がミサイル実験を行うことで、日本が必要以上にＰＡＣ３（地対空誘導弾）やイージス・アショア（陸上配備型イージス・システム）に予算をつぎ込めば、儲かるのはロッキード・マーチンなどアメリカの軍需産業であり、日本国内の景気は落ち込んでいきます。

つまり、現在の北朝鮮情勢を巡る各国の本音を並べると、このようになります。

中国「もっと軍事費を増大させて、日本経済が崩壊して欲しい」

アメリカ「どんどん迎撃ミサイルを買いなさい。ただし、そのミサイルはアメリカの国防のためのものだ。日本は迎撃ミサイルの配備で高性能の不沈空母となり、アメリカ本土を射程に入れつつある北朝鮮のミサイルを撃ち落とせばよい」

北朝鮮「高性能のミサイルを作って、反米勢力に売りつけたい」

果たして、こうした各国の本音を分かっている日本国民が、どれだけいるでしょうか？　一度でもニュースで流れたことがあったでしょうか？　真実を報道するどころか、中国やアメリカの思惑通り、北朝鮮をダシに国民の危機感をあおるような世論誘導がなされてはいないでしょうか？

今、「北朝鮮はクレイジーだから軍事費を増大しよう」と政権が主張すれば、世論は賛成に回る可能性が高い。これは、「イスラムはクレイジーだから排除しよう、戦争しよう」と唱えたトランプ氏が大統領に就任し、アメリカ経済が混乱に陥った構図とよく似ています。そして、これらの構図が、中国の描いたシナリオだとすれば……合点がいくと同時に背筋が凍るのではないでしょうか？

「北朝鮮対日本」という近視眼的な関係性ではなく、より抽象度の高い国際情勢の中では、必ずしも「軍拡＝国防」ではない。

だからこそ、私は国民の選択として「軍事費ゼロの国防」もあり得ると提案したのです。翻って、国会でなされてきた安保改正、憲法改正の議論が、いかに国防とはかけ離れたものであるか。そのことにこそ、私たちは危機感を募らせるべきでしょう。

「ミサイル防衛システム」という虚構

このように中国の狙いが日本の軍拡にある以上、日本がとるべき対応策は単純明快。まず何より、軍事コストを抑えることです。そこで、真っ先に削減対象とすべきなのがミサイル防衛です。

日本には「最新鋭のミサイル防衛システムなら、ほぼ100パーセント迎撃できるだろう」との根拠のない思い込みが先行していますが、ミサイル防衛ほど当てにならないものはありません。

私がイスラエルのミサイル防衛会議に出席した時の報告では、イスラエルには年間800発ものロケット弾が撃ち込まれており、そのうち撃ち落とせるのは約半数とのことでした。現在イスラエルでは「アイアンドーム」と呼ばれるコンピューター制御のミサイル防衛システムが、いわゆるイージスシステムのように飛来物を探知し、ロケット弾と判断したら自動迎撃します。

PAC3 地対空誘導弾 パトリオット	・世界的にはあくまで拠点防衛に使用される。 ・ミサイル防衛の最後の備え。 ・対弾道弾射程20km。
THAAD 終末高高度 迎撃ミサイル	・日本全国を守るには6基必要。1基あたり約1250億円。 ・韓国では運用開始。レーダーと発射台計６基を配備。 ・2017年発射された大陸間弾道ミサイル火星14などを想定。
イージス艦 **SM３**	・イージス艦は海上自衛隊が4隻所有。日本のミサイル防衛の主戦力。 ・SM３は艦船発射型弾道弾迎撃ミサイル。大気圏外までが射程。 ・SM3とは、RIM-161 SM（スタンダードミサイル）-3のこと。
イージス・アショア	・イージス艦と同性能を持つ陸上配備施設。 ・イージス艦より相当少人数で運用可。 ・日米共同開発の新型迎撃ミサイル「SM3ブロック2A」を搭載し2基で日本を守る予定。

日本では、やれ「ＰＡＣ３（地対空誘導弾）」だ「ＴＨＡＡＤ（終末高高度防衛ミサイル）」だ「イージス・アショア（陸上配備型イージス・システム）」だと、にわかにミサイル迎撃が取り沙汰されていますが、イスラエルでは花火のようなものです。半分撃墜できたら拍手喝采という世界です。

ただ、イスラエルの場合はロケット弾ですから拍手喝采ですみますが、核弾頭を積んだＩＣＢＭ（大陸間弾道ミサイル）ではそうはいきません。

昨今の報道では、北朝鮮からＩＣＢＭ

日本のミサイル防衛のイメージ

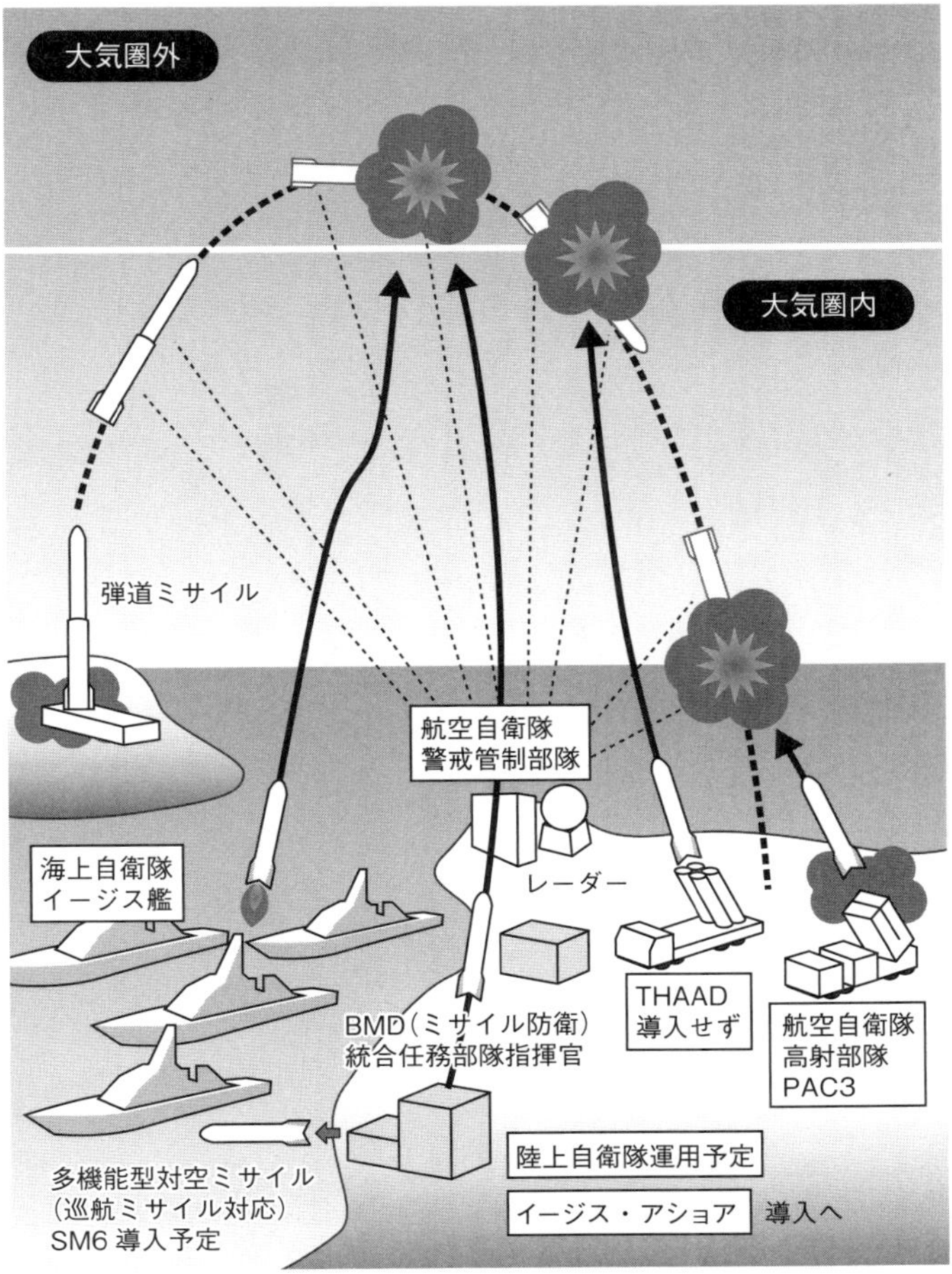

THAAD

PAC3

イージス・アショア

イージス艦

が発射された場合、まず大気圏外の高高度にまで届くイージス艦（日本は4隻所有）のSM3（スタンダードミサイル）、またはその地上配備版であるイージス・アショアで迎撃する。仮に、撃ち漏らして落下態勢に入っても、PAC3で備える。

つまり、**何重にも保険を掛けてあるので、撃墜確率が非常に高いといったイメージが国民に伝わっています。しかし、これは誤りです。**

地上に落ちてくるミサイルに対して、PAC3は同時に4発の迎撃ミサイルを発射できますが、現在の核ミサイルは複数のダミー弾を持っており、そのすべてを同時に落とすことは難しいでしょう。それ以前に、ミサイルが同時に5発到来すればダミー弾なしでも落としきれません。

一方、イージス・アショアは成層圏で迎撃できますから、落下時に分散するダミー弾の問題はありません。ただ問題なのは、北朝鮮が日本に本気で攻撃する時は日本列島を飛び越えて、日本の東400キロメートル、上空250キロメートルなどで高高度核爆発を狙うだろうということです。

巻末で詳しく説明しますが、これはEMP（電磁パルス）攻撃といって、直接日本本土に着弾せずとも日本列島がブラックアウト（機能停止）し、少なく見積もっても国民の10～30％が死亡するリスクがあると試算されます。そして、この場合は日本列島を飛び越えていくミサイルの迎撃は、事実上はその迎撃判断と迎撃までの時間差によりきわめて難しいものになります。

現実問題としては、イージス・アショアを導入しても、韓国のようにＴＨＡＡＤを導入しても、ＰＡＣ３をいくら並べても、核ミサイルの迎撃は１００％確実ということはあり得ません。北朝鮮が核ミサイルを１００発日本に向けて撃てば、何発かは間違いなく日本の都市を焼き尽くすでしょう。

ロフテッド軌道で、北朝鮮は、２０１７年、火星14号を7月4日に高度２８０２キロメートル、7月28日に３７２５キロメートルまで打ち上げています。さらに11月29日の発射では到達高度は４０００キロメートルを大きく上回っています。この軌道で東京を狙えば、私の計算では、大気圏再突入速度は、マッハ10から15を超えるはずです。

もちろんこの速度で核弾頭を壊さず再突入する技術を北朝鮮はまだ持っていませんが、北朝鮮が主張するように再突入に必要なカーボンコンポジット技術を持っているとすれば、大気で燃え尽きずに、1トンの塊が地表に到達するはずです。1トンの質量の塊がマッハ15で東京に激突すれば、核爆発しなくても、とてつもない破壊力になります。

動く物体の持つ運動エネルギーは質量に比例し、速度の2乗に比例することを理解すれば、1トンの隕石が東京に激突したと同じエネルギーになり、数キロメートルの範囲でクレーターができるレベルの破壊力となります。

つまり、**ロフテッド軌道で東京を狙えるということは核弾頭さえいらないということになります。**

また、THAADなどのアメリカの中長距離迎撃ミサイルは、迎撃に最短で210秒かかり、アメリカの迎撃ミサイルは、ロシアや中国からの8000キロメートルから1万キロメートルの長距離弾道を前提としており、**北朝鮮から日本というような千数百キロで数分以内に着弾するミサイルの迎撃はもともと前提としていません。**発射から数分で着弾するミサイルの迎撃に3分半かかるシステムでは、迎撃の判断に1、2分しかなく、**現在の官邸と自衛隊の指揮系統では現実的には間に合いません。これ**

は、イージス・アショアでも本質的には同じです。

トランプ大統領は、就任早々、迎撃ミサイル開発予算として、米ミサイル防衛局に8000億円の予算をつけました。また、2017年11月に、さらに緊急予算で4000億円を追加しました。

この理由は簡単です。アメリカは、現在アラスカとカリフォルニアに迎撃システムがありますが、これらの現行の迎撃システムでは、北朝鮮からの核ミサイルを防ぎ切れないという判断がされたからです。

対ソ連の時代は撃ったら撃つぞというお互いの抑止力でミサイル防衛をしてきましたから、アメリカも、ミサイルをミサイルで迎撃することは実は本気で研究開発してきたわけではないのです。事実、私自身がテルアビブなどで会った米ミサイル防衛局の幹部らは、迎撃ミサイルの重要性をアメリカ国内で説いて回るのが、ここ何年間かの彼らの仕事だったのですから。

北朝鮮の核ミサイルの脅威がリアルになって、にわかに、お荷物扱いだった米ミサイル防衛局が重要官庁になり、１兆２０００億円の予算がいきなりついたというのが現実です。そして、アメリカは、本気で核弾道ミサイルの迎撃システムの開発を今開始したというところが本音です。

つまり、**アメリカが現在日本に売っている既存のＰＡＣ３やイージス・アショアでは、北朝鮮のミサイルを確実に落とすことは難しいと米ミサイル防衛局自身が判断しているということです。**

また、追加でついた４０００億円の緊急予算では、迎撃ミサイルの高度化に加えて、ドローンを北朝鮮上空に飛ばし続け、北朝鮮のミサイル発射準備を検知次第、韓国または日本の米軍基地から、Ｆ－22並びにＦ－35ステルス打撃戦闘機をスクランブルさせ、発射台もしくは発射直後のミサイルを叩くというシナリオに必要な研究開発と配備予算が重要資金使途になっています。

これなどは、高高度もしくは落下中のミサイルを迎撃することを半分諦めたシナリオです。**基本的に弾道ミサイルはいくらお金を注ぎ込んでもすべて撃ち落とすことは事実上あり得ないと理解すべきです。**もちろん、北朝鮮が同時発射する１００発のうち1発でも核ミサイルが東京に落ちれば、我が国は、国家そのものの存続危機となるでしょう。中国人民解放軍も「治安維持」のためにすぐに乗り込んで来るでしょう。

もちろん、現在の世界のミサイル防衛の常識では、迎撃ミサイルの命中率は30～40%ぐらいであり、50%であれば、私が参加したテルアビブのミサイル防衛会議の時のように、拍手ものというのが現実です。ちなみに先のミサイル防衛会議には、アメリカ、NATO、イスラエルなどから、大佐から将軍クラスと各国のミサイル開発メーカー幹部が参加していましたが、アジアからの参加は私一人でした。

さらに問題があります。それは水平射出される巡航ミサイル（クルーズミサイル）です。

巡航ミサイルは小さな航空機のような外観で、ジェットエンジンと翼を持っています。それらの特性を生かして推進力を得るというわけです。アメリカのトマホークなどは、その名前を聞いたことがある人も多いでしょう。その始まりは、第二次世界大戦前に遡るとも言われています。軌道を描かず、地面や海面すれすれを飛来するのも特徴です。

低高度でも飛行できる巡航ミサイルは、レーダーに探知されにくいという特徴があります。それでも航空機や艦船から発射された場合は、発射元が特定できれば撃墜できる可能性はあります。

現に、「読売新聞」２０１７年10月18日の記事によると、陸上型イージスシステムのイージス・アショアには、弾道ミサイルだけでなく、巡航ミサイルを迎撃する機能を兼用させる方向で検討に入ったとされました。

イージス・アショアは、日本では２０２３年度に2基導入を目指しています。弾道ミサイル対応の新型迎撃ミサイル「ＳＭブロック２Ａ」に加えて、巡航ミサイルに対応可能な迎撃弾「ＳＭ６」を載せるという話です。

ＳＭ６の射程は３００キロメートル以上と言われ、レーダーからのデータをもとに迎撃ができる。これにより、巡航ミサイル、弾道ミサイルへの対応が可能になるということです。

しかし、厄介なのが潜水艦です。

まず発射元である潜水艦自体がレーダーに映らず、海中から発射されるミサイルも海面すれすれの超低空飛行で飛んでくる。たとえば、ある日突如として東京湾に潜水艦が出没し（といっても、その出没は気がつかれることはないのが普通ですが）、海中から巡航ミサイルを発射された場合、撃墜することは極めて困難となります。

そして、**世界のミサイル戦略の中心は、すでにＩＣＢＭやＳＬＢＭ（潜水艦発射弾道ミサイル）などの弾道ミサイルではなく、潜水艦発射巡航ミサイル（ＳＬＣＭ）に移行している**のです。

海中からの潜水艦発射の巡航ミサイルとなった時点で、ミサイルをミサイルで迎撃するというミサイル防衛システムが破綻します。

では、なぜミサイル防衛システムこそ現代の安全保障の要のように神格化されているのか？

それは、「ミサイルほど儲かる兵器はないから」という点に尽きます。

あらゆる兵器の中で、もっとも利益率の高い商品がミサイルです。PAC3のパトリオットミサイルは一発約5億円、SM3のスタンダードミサイルは一発約20億円とも言われています。つまり、ミサイル防衛の本質とはビジネスにほかなりません。

ですから、国防という観点から考えると、費用対効果は低く、それでも導入しないと安心して眠れない気がするという、きわめて厄介な防衛技術がミサイル防衛なのです。

これまで述べたように、それが、PAC3であれ、THAADであれ、最新のソフトウェアに更新されたイージス・アショアであれ、ミサイル迎撃の成功率は良くて5割ぐらいと認識した上で、日本のミサイル防衛を考える必要があることは理解されたと思います。

迎撃率5割をすごいことだと思うか、意味がないと思うかの温度差は、国民、知識のある国会議員、自衛隊幹部、そして兵器を売る側の米国関係者で大きく幅があるのは当然ですが、この基本が理解されないと、ミサイル防衛は不毛な議論となります。

その上で日本に、イージス・アショアなどの最新のミサイル防衛システムを配備したいアメリカの思惑は、単なる経済的な理由以外にもあることは理解されなければいけません。この思惑とは、当たり前ですがアメリカ本土の防衛です。

これについては、**オバマ政権時代に中断していた中国、ロシア対アメリカのミサイル軍拡競争が、トランプ政権で再開した**という背景も理解した上で、北朝鮮のミサイル脅威が、アメリカ国内世論、そして、日本に対しても強調されているという事実をよく理解する必要があります。

現在の核ミサイル攻撃の主戦力は、ＩＣＢＭ（大陸間弾道弾）からＳＬＢＭ（潜水艦発射弾道ミサイル）を経て、ＳＬＣＭ（潜水艦発射巡航ミサイル）に移行済みであることは、書いた通りです。

さらに、中国が開発に成功したとされるＨＧＶ（Hypersonic Glide Vehicle）、極超音速滑空弾頭ミサイルなど、これまでのミサイル防衛を無力化させる新しい攻撃ミサイル技術がどんどん主戦力に変わりつつあるという現実があります。

ＨＧＶはマッハ10から20で滑空し、これまでの想定迎撃速度をはるかに超えるだけではありません。大気圏再突入後、高度を再度上昇させることで、現在の弾頭ミサイル迎撃システムで想定されていない軌道を飛びます。もちろん、アメリカ、ロシアも同様な技術開発は既に進めています。

こういった、これまでのミサイル防衛では迎撃不能な中国、ロシアのミサイルに対するアメリカの考え方は、次の通りです。

1 宇宙空間からのレーザーやレールガンによる迎撃
2 打撃戦闘機搭載小型誘導核弾頭ミサイルによる先制基地攻撃
3 同盟国発射の早期迎撃

1については、現在、アメリカ、中国、ロシアとも、宇宙空間とサイバー空間を統合した戦略的な次世代核攻撃、核防衛に、人員、予算が大きく割かれていることはニュースなどで耳にしたことがあると思います。

2の小型誘導核弾頭ミサイルによる先制基地攻撃は、トランプ大統領が対北朝鮮で実際に検討している攻撃です。現在、１キロトン未満から数十キロトンレベルまで核出力を調整可能な小型誘導核弾頭ミサイルのＦ－35統合打撃戦闘機への搭載が進められています。現在の軍事ＧＰＳは数センチレベルの精度ですから、精度の高いピンポイント誘導小型核攻撃もこれからの核ミサイル攻撃の主戦力の一つになります。

さらに重要なのが、❸の同盟国配備のミサイル迎撃システムによる防衛です。これまで、クリミア情勢など背景に、イージス・アショアをルーマニアやポーランドなどで対ロシア配備として進めているのがまさにそれに当たります。

また、中国、ロシアによる太平洋を跨いだ新型核ミサイルのアメリカ本土攻撃に対しては、ＨＧＶやダミー弾頭などの現実がある以上、前にも書いたように、現在、システムがあるアラスカやカリフォルニアでの迎撃では手遅れと判断されています。

ですから、日本にイージス・アショアを配備し、発射後間もない段階で迎撃するというのがトランプ政権のシナリオです。平壌、東京間１３００キロしかない物理距離、それによる高高度からのマッハ10を優に超える核弾頭の垂直落下などは、イージス・システムによる弾頭ミサイル防衛として研究・開発時からもともと想定されていません。

日本人がちゃんと理解しなければならないのは、**日本に配備されるイージス・アショアは、北朝鮮から日本へのミサイルではなく、中国、ロシアからアメリカに飛ぶ新型核ミサイルに今後対応していくための配備というアメリカの本音です。**

実際、イージス・アショアはソフトウェアの更新で、巡航ミサイル迎撃も可能であり、今後も新しい迎撃ソフトウェアをどんどん導入できる現在進行形のミサイル防衛のプラットフォームであり、想定される新型敵ミサイル技術の開発者は北朝鮮ではなく、中国、ロシアです。

実際、2017年11月23日には、24日の日ロ外相会談に合わせてロシア外務省がコメントを発表し、「アメリカのミサイル防衛システムがアジア太平洋地域に展開するのは危険だ」として、日本のイージス・アショア導入に改めて反対する姿勢を示したのが、この現実をよく表しています。

こういった、現在再開しつつある中国、ロシア対アメリカのミサイル軍拡競争では、イージス・アショアの同盟国配備は、たとえ半分しか撃ち落とせなくても、地政学的戦略優位性上での影響力は外交交渉手段の一つとしても充分に大きいのです。

冷静に分析すれば、現在のイージス・アショアでは、日本に導入しても北朝鮮からの核ミサイルは半分も迎撃できないでしょう。

日本の防衛の最大の弱点は、防衛装備でもなく、自衛隊の指揮系統でもありません。民主国家であるゆえに、国会が存在し、議院内閣制である以上、官邸の判断に時間がかかるということです。また、**アメリカ当局と相談せずに独自に他国との戦闘開始を判断できない**というサンフランシスコ講和条約、日米安保条約以降の厳しい現実もあります。

イージス・システムが北朝鮮のミサイル発射を検知しても、迎撃までの判断猶予は、1~2分しかなく、その程度の時間ではトランプ大統領に相談する時間さえなく、官邸が迎撃判断を下す時間的猶予はほとんどありません。

現実問題として、日本を飛び越えていくものも含めて、日本の領海に届いた北朝鮮のミサイルを日本が迎撃したことはこれまでに一度もありません。もしこれらのミサイルが高高度核爆発であった場合、日本は既にやられていました。

ただし、イージス・アショアは迎撃プラットフォームなので、将来のソフトウェア更新や新型迎撃ミサイル搭載で、精度はどんどん上がっていくというのも事実です。

また、イスラエルのアイアンドームのように、**官邸ではなく人工知能に迎撃判断を任せる**という選択肢もあります。人工知能のソフトウェアを事前にアメリカ軍に見せておけば（というか現実的にはアメリカが作りますが）、トランプ大統領にいちいちお伺いを立てる必要もないでしょう。

ただ、その間に北朝鮮側も、さらに高高度からの超高速落下であったり、さらに高速な上昇軌道中の高高度核爆発によるＨＥＭＰ攻撃など、どんどん先に進むでしょう。ミサイル防衛は、サイバー防衛と同じく、常に攻撃側が圧倒的に有利なのです。

ミサイル防衛は、敵本土戦略報復攻撃による抑止力が本命で、迎撃システムは念のためのものであることが国民にしっかりと説明されるべきです。相手国への戦略ミサイル攻撃による抑止力という選択肢のない日本が、このイタチごっこに参加すること

は大変愚かなことです。

アメリカとソ連が冷戦時代に経験し、トランプ大統領が中国、ロシアと次世代核ミサイルで再開したミサイル軍拡競争に、北朝鮮の挑発的行動に釣られて日本が参加することは、軍需産業にしか利益をもたらさない、不毛なイタチごっこに参加することであると肝に命じるべきです。

核兵器は貧しい国の兵器

この「ミサイル防衛システム」をはじめとした昨今の軍事増強に対する国内世論の盛り上がりは、北朝鮮のミサイル実験に端を発しているわけですが、**国防を考える場合に、まず「対北朝鮮」ありきというのはかなり近視眼的でお粗末な考えと言わざるを得ません。**

「北朝鮮の核ミサイルが日本にとって最大の脅威である」

多くの日本国民はこう考えているかもしれませんが、そもそも論として、**核ミサイルとは軍事における最強の兵器でも何でもなく、むしろ「貧しい国の兵器」である**ことを理解しておかねばなりません。

2017年4月、アメリカのトランプ政権は、アフガニスタンのイスラム国拠点に対して、核兵器を除く通常兵器で最強の爆弾と言われるMOABを投下しました。MOABとは、「Massive Ordnance Air Blast（大規模爆風爆弾）」の略で、全長9メートル、直径1メートル、総重量10トンに上る超大型爆弾。その破壊力から「Mother Of All Bombs（全爆弾の母）」と呼ばれるほどです。

このMOABの投下実験の動画もアップされていますが、広範囲の衝撃によってキノコ雲が生じるほどの絶大な威力を誇ります。つまり、抑止力としては核兵器に肩を並べるほどの通常兵器がすでに存在しているのです。

もっと言えば、先述した巡航ミサイルでも、主要都市を壊滅状態に陥れるだけの十分な破壊力＝抑止力を持っています。もし制空圏を押さえてしまえば、打撃戦闘機による空襲でも事足ります。

実際、太平洋戦争において、広島（死者12万人）や長崎（死者7万人）の原爆投下に東京大空襲（死者8万人、一説には10万人とも）は匹敵し、政治・経済的にもダメージは大きかったのです。

しかも、核兵器と通常兵器の最大の違いは、軍事戦略上の有効性です。通常兵器の場合、ミサイルや爆弾を投下した直後に占領軍が侵攻できますが、核ミサイルを撃ち込めば、その土地は死地となってしまいます。他国を侵攻しても、その土地が経済的にも軍事的にも利用できなくなってしまえば、戦争を起こすメリットがなくなってしまう。つまり、核兵器は威力はあっても、戦略兵器としての有効性は極めて希薄なのです。

ですから、抑止力となり得る通常兵器を保持している場合は、そちらを優先した方が戦略上のメリットは大きい。ただし、そのクラスの兵器（最新鋭の超大型爆弾や制空権を握れる航空戦力）には、圧倒的な資金力と技術力が必要となります。翻って、核兵器は超高度から一発落とすだけですむ。

つまり、**戦略上の有効性は低いものの、コストパフォーマンスに優れているのが核兵器なのです。**

かつてのイスラエルや中国やインドは、すべて先進諸国に比べて国力が低いがゆえに、安上がりな核兵器に頼らざるを得ませんでした。現在の北朝鮮も同様です。

一方、日本のように国力が高い先進国は、核兵器に頼る必要はまったくありません。まずこの点において、「北朝鮮のミサイルに対抗して、日本も核兵器を持つべきだ」と主張している人は、考え方をあらためて欲しいものです。もちろん高高度核爆発によるEMP攻撃ということならば、これは有効な兵器になりますが、あまりに多くの人を餓死により殺傷します。

現代の戦争でもっとも重要視されているのは、いかに人を殺さないで相手の戦闘能力を奪い、降伏させるかという点です。相手国の国力を根こそぎ奪うような戦争は、国際世論の猛反発を呼ぶのはもちろん、自国の消耗、占領後の経済的な恩恵の消失など、勝ったとしても未来のない無益な戦争です。

これは大局的な戦争はもちろん、部隊間の局地的な戦闘においても同様で、正規軍同士の戦闘においては貫通性の高いフルメタルジャケット弾を使用し、主に相手の脚を狙って攻撃を行います。1部隊5～10人のうち、ひとりの脚を撃ち抜いて行動不能に陥らせれば、その救助が必要となり、その部隊の機動性を奪うことができます。

一方、マフィアなどが使用するソフトポイントやホローポイントといった弾丸は、命中時に体内で破裂して致命傷を負わせてしまうので、その非情さの割に部隊全体の攻撃能力に与えるダメージは少ない。

言うなれば正規軍の使用する弾丸が最新鋭の通常兵器なら、核兵器はマフィアの使用するアナクロで非効率的な弾丸ということになります。

世界全体がアメリカとソ連という超大国によって二分されていた冷戦下ならいざ知らず、国家が多様化し、国際世論が無視できない現代にあって、大切なのはスマートにトータルで勝利することです。

その意味で、撃った瞬間に世界中から袋叩きにあうことが確実な戦略核兵器は、抑止力以上の効果を期待できないマフィア・テロリストの兵器に過ぎないのです。

現代の「クリーンな戦争」

私はこれまで、「戦争とは経済が引き起こすもの」と述べてきました。

北朝鮮がミサイル実験を繰り返すのも、反米勢力にミサイルを売りたいからで、世界の警察を自負するアメリカのバックには、巨大金融資本と軍需産業の思惑がありま す。ですから、「戦争で勝つ＝経済で勝つ」ということ。その意味で、物理的な戦争と経済的な戦争はイコールでもあります。


そして、この経済で勝つことを目指した場合、現代の戦争はよりスマートに勝つ必要があります。いかに美しく世論を味方に引き入れて勝つか？　それを象徴するのが、クリミア紛争です。

本書で何度も説明しましたが、ロシアのウクライナ侵攻に対して、アメリカはCIAを暗躍させ、クーデターを起こし、親米政権を樹立させることで対抗しました。一方、対NATOの要衝であり、黒海艦隊基地のあるクリミアだけは死守したいロシアは、住民投票によってクリミア併合を図りました。内紛によって民間人の死者も出ていますが、表向きはクリーンでスマートな戦争です。一昔前は核兵器を持ち合い、世界各地で代理戦争を繰り返していたかつてのアメリカとロシアの姿からは、隔世の感すらあります。

そして、この争いは、CIA対FSBといった諜報機関の水面下での戦争でもありました。結局、ロシアは住民投票で勝利するわけですが、強烈なメディア統制によって国際世論を味方につけたのはアメリカでした。EUならびに日本がロシアへの経済制裁に加わり、住民投票という民主的な過程によってクリミアを押さえたロシアが、逆に経済的に負ける、つまり戦争に負けるという結果になってしまったのです。

このように**現代の戦争は、領土を占領すればいいというわけではなく、国際法上のルールに則り、国際世論を味方につけなければ、決して勝利することはできません。**

その意味で、核兵器を撃ち込むなど、わざわざ戦争に負けにいくようなものです。抑止力としては「MOABや巡航ミサイルで平壌を火の海にできますよ」で事足りる。しかも、「核兵器を撃ち込んで、焼け野原にするぞ」ではなく、「ちゃんと病院や学校など公共施設は残します。占領後も復興に力を注ぎますよ」というメッセージつきなら、国際世論を敵に回すリスクも抑えられる。これがスマートな現代の戦争です。

余談になりますが、太平洋戦争開戦前夜、モーリス・モー・バーグというメジャーリーガーが諜報員として日本に送り込まれていたのは有名な話です。

モー・バーグはプリンストン大学を経て、コロンビア大学法科大学院を卒業。ボストン・レッドソックス、シカゴ・ホワイトソックスなどに在籍しました。日本語はもちろん、ラテン語、フランス語、スペイン語など12カ国語を操り、毎日10種類の新聞を読んでいたといいます。こんな人間が、ただのメジャーリーガーのはずがありません。

1934年に日米野球で来日すると、試合を欠場して、東京の聖路加国際病院の屋上から東京の街並みを撮影。その情報は、太平洋戦争が勃発すると、アメリカ軍初の日本本土攻撃である1942年のドーリットル空襲、ひいては1945年の東京大空襲に活用されることとなりました。むやみに焼け野原にしようということではなく、事前に攻撃目標を選定することで、間違っても国際社会から批判の対象とならないよう注意を払っていたのです。

モーリス・モー・バーグ

このモー・バーグが撮影を行った聖路加国際病院は、大空襲でも焼かれることはなく、その後、占領軍の医療拠点となっています。そして終戦後、アメリカ軍の占領下において日本が復興を果たし、経済的なパートナーとなっていくのはご存じの通りです。経済戦争という側面でも、アメリカは太平洋戦争によって非常に大きな利益を手にしました。

このようにアメリカは太平洋戦争時から、いかに効率的に戦争に勝つかはもちろん、占領後の経済的支配まで視野に入れた軍事戦略を練っていたのです。原子爆弾を投下する事態もありましたが、基本的にはスマートに勝つこと。それが現代の戦争における絶対条件なのです。

「電池式潜水艦＋巡航ミサイル＋特殊部隊」が最強の抑止力

これまでの一連の話により、日本が軍拡、特に核保有への道を歩むことの愚かさを分かってもらえたかと思います。

では、軍事面において日本が選ぶべき道は何か？

まず、私が提示した三つの国防の在り方のうち「軍事費ゼロの国防」のひとつの形として、軍事費をすべてアメリカ国債の買い付けに回すという方法があります。中国がメディア買収という経済戦争によってアメリカに対抗しようとしているように、アメリカ財政の中心部を押さえることで、アメリカが日本を守らざるを得ない状況を作ること。アメリカの傀儡ではなく、逆にアメリカを番犬として手懐けるのです。

「アメリカから兵器を買わずに国債を買え！」

これがひとつの可能性。そして、もうひとつの可能性として浮かび上がるのが、前述した「**専攻防衛**」という選択肢です。

ミサイル防衛システムが難しい選択である理由は、「すべてを迎撃することは不可能である以上、攻撃側が圧倒的に優位である」ということでした。

これはミサイルに限ったことではなく、基本的に軍事技術が発展すればするほど、防衛に対して攻撃の優位性が高まっていきます。その典型例がサイバー空間であり、サイバー戦争では攻撃側が１０００倍有利である。日本はサイバー攻撃に本腰を入れるべきと、私は過去さまざまな著書で警鐘を鳴らしてきました。

だからこそ、核兵器という最大の攻撃が、核の傘という最大の防御にもなっているのです。つまり、軍事費のもっとも効率的な投入方法は、専守防衛などではなく攻撃能力の特化となります。

この点で、現在最大の攻撃能力を誇るのが原子力潜水艦です。レーダーや衛星による探知から逃れ、どこに潜んでいるか分からない。この隠密性が最大の武器で、原子力潜水艦の通信は、基本的には受信オンリー。信号を発信した瞬間に傍受・探知されてしまうので、司令部もどこに潜っているのか正確に把握していないほどです。その代わり、作戦行動の際には、突如、敵国の領海の海中から核ミサイルを撃ち込むこともできる。これほど恐ろしい兵器はありません。

現在、原子力潜水艦を建造・保有しているのは、アメリカ、ロシア、中国、イギリス、フランスの5カ国です。

しかし、日本の場合は非核三原則によって、原子力潜水艦の保有は禁じられています。

そこで考えられるのが「リース」という形です。

リースならば所有権はありません。もちろん日本は製造に関与しておらず、攻撃特化で日本の領海にさえ持ち込まなければ、「持たず、作らず、持ち込ませず」の三原則に抵触せずに、実質上、原子力潜水艦を保有することができるのです。

実際、インド海軍はロシアから原子力潜水艦をリースしていますから、突飛な発想ではありません。

たとえば、アメリカからリースした潜水艦はアメリカの領海には潜航させないという取り決めを交わせば、貸す側も自国を狙い撃たれるリスクがなくなりますから、リースが実現する可能性は十分にあるでしょう。

ただ、潜水艦の攻撃能力といえば真っ先にＳＬＢＭ（潜水艦発射弾道ミサイル）を思い浮かべる人も少なくないと思います。弾道が解析でき、まだ迎撃の可能性がある

ＩＣＢＭに比べて、所在不明の潜水艦から突然海中発射されるＳＬＢＭは、たしかに近年の核戦略の中心となっています。現在の世界の抑止力の中心は今でもＳＬＢＭです。そして、ＳＬＢＭは非核三原則を掲げる日本では搭載できない。それでは原潜のリースに意味がないかというと、そんなことはありません。軍事衛星技術の発達など情報戦の進化によって、世界の軍事局面はＳＬＢＭからＳＬＣＭ（潜水艦発射巡航ミサイル）へと移行しつつあります。

事実、すでにＳＬＢＭ原潜や攻撃型原潜は改造を施され、次々に巡航ミサイル原潜へと変貌を遂げています。

つまり、現在のミサイルを巡る世界情勢をまとめると以下のようになります。

迎撃可能性のあるＩＣＢＭ（大陸間弾道ミサイル）から
←
迎撃困難なＳＬＢＭ（潜水艦発射弾道ミサイル）に移行済み
←
軍事技術の進化によって、今後はさらに迎撃困難な

ＳＬＣＭ（submarine-launched cruise missile）「潜水艦発射巡航ミサイル」が中心となる

巡航ミサイルは弾道ミサイルに比べると、その速度自体は劣ります。しかし、近距離から超低空を水平に飛来するので、防衛する側としてはより探知・迎撃が困難となるのです。

さらに、弾道ミサイルのように核兵器ではなく、あくまで通常兵器なので、着弾後にすぐに次の作戦行動に移ることができます。そして、攻撃型原潜に特殊部隊を搭乗させておけば、着弾の混乱に乗じて被害を最小限に留めつつ目的地を制圧することが可能となるのです。

このように世界的には、攻撃能力の中心はＳＬＣＭ＋特殊部隊の時代が到来しています。ですから、日本も各国にならっていち早くＳＬＣＭ＋特殊部隊の導入検討を議論していくべきだと、私は考えています。

原子力潜水艦のリース試算

バージニア級原潜トマホーク搭載型
一隻　約２０００億円／30年リース
料率　１・８４％
総額　１兆３２４８億円／年間一隻４４１億円
料率　１・００％
総額　約７２００億円／年間一隻２４０億円

たとえば、アメリカ軍の最新潜水艦である、バージニア級原潜トマホーク搭載型。これを一隻リースすると、約２０００億円かかります。リース料率が仮に１・８４％だったとしましょう。30年リースとすれば、１兆３２４８億円となります。この額なら相手国にも大きな利がある。実際にリースを決断する可能性はあるはずです。

一方、料率が1%だった場合、総額は約7200億円となり、一隻のリース料は年間240億円程度ですみます。日本近海の防衛を考えると、原子力潜水艦は3隻あれば十分なので、年間約720億円となるわけです。

原子力潜水艦は、戦略兵器として様々なオプションをもたらす抑止力になります。仮に日本に人質救出の局面が訪れた際は、特殊部隊を搭載した原潜を派遣すればよい。これだけで、日本の安全保障は激変するのです。

原子力潜水艦（ミシガン）

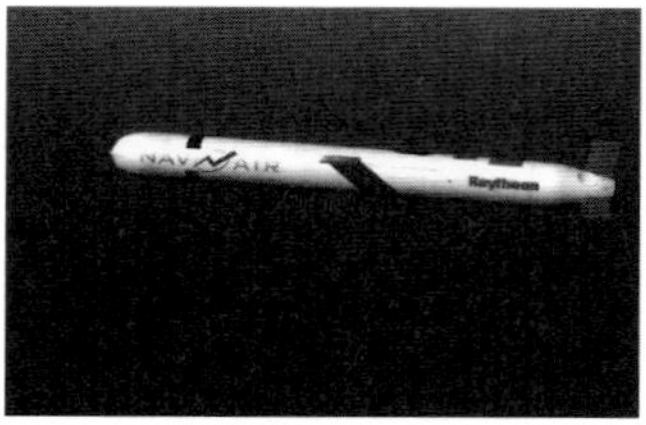

トマホーク（巡航ミサイル）

さらに、そんな回りくどい方法をとらずとも、原子力潜水艦と同様の抑止力を持つ手立てがあります。それが電池式潜水艦の開発です。

原子力に比べて電池とは……と脱力した人もいるかもしれませんが、日本の電池式潜水艦の性能は世界でナンバー1です。原子力潜水艦にひけをとることはありません。

ただし、電池式潜水艦の最大の弱点は、潜航期間の短さにあります。電池の容量が尽きれば充電しなければならず、現在の技術では2週間程度の潜航が限界。隠密性が武器の潜水艦にとって、この短さは致命的です。しかし、次世代のリチウムイオン電池を動力とすれば、潜航期間を飛躍的に伸ばすことが可能となります。

実は、このプロジェクトはすでに2015年から着手されており、2017年3月からジーエス・ユアサテクノロジーの専用工場で「海上自衛隊向け潜水艦搭載リチウムイオン電池」の量産を開始。2018年8月に納入される予定となっています。最低でも1カ月、長くて2カ月も潜航できるようになれば、原子力潜水艦に匹敵する、いやそれ以上の抑止力となることでしょう。

というのも、原子力潜水艦とは、動力が原子力であるだけで、水蒸気を熱してタービンを回すという原理は変わりません。つまり、熱した水蒸気による水温の変化、さらにタービンの駆動音など、探知する側にとって手掛かりも多い。それでも深く潜航できるので気配を消すことができますが、浅い水深では見つかりやすいというデメリットもあります。

一方、電池式の場合はモーターで直接スクリューを回すので、放熱や駆動音が原子力潜水艦よりも少ないというメリットがあります。それゆえに、水深の浅い近海にまで潜入することが可能で、近距離から巡航ミサイルを発射したら撃ち落とすことは不可能に近いのです。

こうなれば、事実上、核兵器以上の攻撃能力を有することになります。

2017年4月、北朝鮮を警戒する意味で、アメリカの原子力空母カールビンソンが日本海に展開しました。それに伴い原子力潜水艦「ミシガン」も韓国釜山港に寄港するなど、アメリカは圧倒的な軍事力を見せつけたわけですが、艦載機90機を有するカールビンソンであっても、単独で制海権・制空権を握るというわけにはいきません。

現代は情報戦ですから、海上に浮かぶ空母の位置はレーダーや衛星によって常に把握されています。

ということは、艦載機が発艦すれば、その位置も追尾されることになる。たとえ巡航ミサイルを発射したとしても、出所がバレているので、迎撃される可能性があります。

これに対し、海中の潜水艦から放たれる巡航ミサイルは出所も分からなければ、海面すれすれを飛行してくるのでレーダーにも捉えられない。だからこそ、北朝鮮に対する抑止力として、空母だけでは足りず、わざわざ潜水艦の居場所を知らせて威嚇する必要があったのです。

ちなみに、ミシガンはアメリカ海軍のオハイオ級原子力潜水艦でSSGN（巡航ミサイル原子力潜水艦）に改良されました。巡航ミサイルを約150発搭載できます。空母だけで十分ならば、隠密性が最大の武器である潜水艦の姿をわざわざ見せることに何のメリットがあるというのでしょう。

このように、現代の戦争において、その最先端は「潜水艦＋巡航ミサイル」というコンビネーション。アメリカ、ロシアはすでに主力としており、中国も原子力潜水艦と巡航ミサイルの開発・配備を急いでいます。一帯一路により、南シナ海の制海権を握ることが至上命題である中国は、現在、海軍にもっとも軍事費を投入しています。

ちなみに、中国の軍事（国防）費は約16兆円ほどでしたが、２０１７年には初めて1兆元（約17兆円）を超えました。

先述したように、軍事費の増大は国内経済を疲弊させる癌でもあります。一昔前の高度経済成長に陰りが見える中国でも同じことで、軍事費よりもむしろ国内の治安維持費に予算を使いたいというのが共産党の本音でしょう。

ですから、２０１６年、２０１７年と2年連続で軍事費の伸び率を1桁に抑える方向に向かっているのですが、その中でも潜水艦を中心とした海軍の増強だけは、今なお最優先で予算が投入され続けているのです。

翻って、日本の現状はこれまで指摘してきたように、約22万人の自衛官を特別職国家公務員として抱えています。

それも、多くは地方の経済対策に重きが置かれ、専守防衛の局面ではほとんど実戦の機会のない、陸上自衛隊のロケット砲、戦車、自走砲などにも予算がつぎ込まれています。

さらに、イージス・アショアなどの高額なミサイル防衛システムを導入方針で、THAADなどの購入も検討していました。

軍事費はいたずらにかさんでいくばかり。これが時代に逆行した軍事戦略と言わずして何というのでしょう。

核兵器の開発以降、世界の軍事情勢はがらりと一変しました。核兵器のように破滅的な威力を持つ兵器は、戦略上、持つことはできても、実際に撃つことはできない。

なぜなら撃った瞬間に国際社会から袋叩きにあうことが目に見えているからです。

ですから、「核の傘」という言葉もあるように、世界の軍事戦略の中心は抑止力にあります。

もし本気になれば、一瞬で相手国をせん滅できるだけの攻撃力を保持することで、全面戦争は事実上不可能になる。その上で、実戦として起こり得るのは内部からの破壊工作、クーデターの誘発などの局地的な戦闘に限られます。

つまり、**軍事費を効率化するには、抑止力としての圧倒的な攻撃力と局地的な戦闘を担う特殊部隊の二つのポイントに絞ることが重要なのです。**一般の歩兵部隊やミサイル防衛などは、念のためというレベルです。

アメリカのシールズチームシックスやデルタフォースといった特殊部隊については、ドラマや映画でご存知の方も多いと思います。実際の特殊部隊の戦闘力はドラマや映画をはるかに凌駕するものと考えて結構です。

これは当たり前のことで、極秘任務につく特殊部隊の戦闘能力を映画やドラマで公開していいはずがありません。民間が知り得るのはごく一部に過ぎないと考えるのが普通です。

たとえば、対テロリストの特別任務は一般兵ではなく特殊部隊が担当します。さきほど、現代の白兵戦では、貫通弾によって脚を狙い、行動不能に陥らせるのがスマートな戦闘だと述べました。

しかし、無差別攻撃や自爆テロを厭わないテロリストに対しては、そんな悠長なことは言っていられません。極端な話、小型核爆弾のスイッチを持って自爆テロを仕掛けてくる可能性もあり、特殊部隊の任務はそのスイッチを押す前に指一本動かせないほどに破壊することです。

そのためには脚ではなく、神経を狙う。頭上から脊椎を撃ち抜く。毎秒100発もの弾丸を放つ自動小銃で脳や脊椎だけを狙い、相手の指が動く前に神経を切断して絶命に至らしめるのです。

こんなことは一般兵では到底可能なことではなく、100万人の中から選りすぐられた1000人ほどのエリートだからこそなせる技です。彼らは15メートルほどの距離までなら、目標を視認して狙いを定めなくとも弾丸を命中させることができます。

逆に言えば、確認してから撃たねばならないような練度の低い兵士は、まず特殊部隊には採用されませんし、現役の隊員も技術が落ちれば、すぐに任務を外されてしまいます。

実は、日本にも特殊部隊はすでに存在しています。その一つが2004年に対テロ・ゲリラ専門の部隊として習志野駐屯地に編成された陸上自衛隊の「特殊作戦群」です。戦闘要員200人、後方支援100人の300人ほどの小規模な部隊ですが、その戦闘力は1人で一般の自衛官200人分にも相当するといわれています。それ以上の情報はすべて極秘で、習志野駐屯地の特殊作戦群の施設は暗証番号が毎日変わり、個人情報も徹底して管理されています。

というのも、誰が隊員なのか分かってしまえば、家族が人質にとられるリスクがあるからです。もちろん、拷問に耐えるような特殊な訓練も行っています。

専守防衛の自衛隊において、このような本格的な特殊部隊が編制されていること自体が驚きかもしれませんが、軍事費の効率化を目指すのであれば、**自衛官約22万人を10万人ほどまで削減し、その一方で特殊部隊を1万人規模にまで増やすべき**だと私は考えます。

そうなれば、リチウムイオン電池式潜水艦に巡航ミサイルを搭載し、特殊部隊を搭乗させることで、現時点で最強の攻撃力＝抑止力を持った軍隊が誕生します。そして、その潜水艦を世界各地に40隻ほど潜航させておく。これでいつ、日本が攻撃対象と見なされても、カウンターを食らわせることが可能となります。

さらに、特殊部隊員たちにもサイバー攻撃の訓練を徹底すべきです。敵国に侵入し、主要軍事施設の破壊のみならず、サイバー攻撃も敵国内で同時に遂行する必要があります。

ただし、自衛官の人員を削減すれば、それだけ雇用と経済支援を失うことにもなります。

すでに自衛隊は地域経済と一体化しており、たとえば北海道の陸上自衛隊基地を縮小しようとすると、地域の自治体から政治家へお中元が届くと言います。ですから、急激な削減は地域経済と世論の反発を招く恐れがあるのです。

そこで、私は**自衛隊とは別に災害救助隊を創設し、削減した人員を災害救助隊へと移行し、有事の際の予備役としても活用する方法がベスト**ではないかと考えています。実際、国民が自衛官の活躍を知るのは、主に災害時です。いわば地域の安全を守るアメリカの州兵のような役割を一般の自衛官に担わせる。その一方で、戦争行為に直接参加する主力は、あくまで1万人の特殊部隊が担当するというわけです。

国防とは軍事のみに限る話ではありません。「国民の生活を守る」という高次の目的を踏まえて、大局的に組み立てていくものなのです。

とはいえ、こうしたロジカルな思考に基づいた提案でも、「そんなに戦争をしたいのか！」と見当違いの感情論で批判する人は一定数存在します。そういう人に言っておきたいのは、もちろん日本から戦争を仕掛けることは決してないということです。

「日本を攻撃しようとすれば、おたくの国を滅ぼしますよ」と牽制することができれば、事実上、日本が戦争に巻き込まれる可能性はゼロに等しくなる。これが私の提示する究極の「専攻防衛」プランなのです。

敵基地攻撃の問題点は、「いつ攻撃するか？」

それでも防衛能力ゼロというのはさすがに不安だというのなら、現在日本が導入を目指す、ミサイル防衛システムのような金食い虫ではなく、イスラエルのアイアンドームのような人工知能による自動迎撃システムを設置すべきでしょう。

核兵器はそう簡単に撃てない以上、日本が攻撃を受ける可能性が高いのは中国などによる巡航ミサイルによってです。

しかし、潜水艦からの巡航ミサイルが発射されたのを探知してから迎撃の判断を司令部が下していたのでは、到底間に合いません。そこで、探知から迎撃までタイムロスなく移行できる**「超並列人工知能による自動迎撃システム」**です。専守防衛にこだわるのであれば、その開発は必須です。

さきほどまでの話で、ひとつ重要なことを言い忘れていましたが、軍事費の効率化とともに、独自の軍事技術や兵器の開発・製造も、日本が積極的に取り組んでいかなければならない課題です。

というのも、専攻防衛の要となる巡航ミサイルを、アメリカが売ってくれない可能性は十分にあります。なぜなら、日本が巡航ミサイルを保有し、抑止力を持つことになれば、在日米軍の存在意義が根底から揺らぐことになるからです。

「日本が自分で国を守れるようになれば、在日米軍は縮小し、アメリカだって軍事費を削減できるじゃないか」

そう思う人は相当な楽天家です。なぜなら、現在の在日米軍とは日本を守るために駐留しているわけではないからです。

たとえば、沖縄の海兵隊は海兵空陸機動部隊、第3海兵遠征軍で成り立っています。海兵隊とは、軍隊の中では、敵地に先駆けて上陸する命知らずのならずもの部隊という位置づけです。

その海兵隊が、なぜ専守防衛の国である日本に駐留しているのでしょうか？

もし、在日米軍が日本が攻撃を受けた際に日本を守ってくれる存在であるならば、敵地への侵攻・上陸部隊である海兵隊員が送り込まれているはずがありません。ということは、答えは一つ。

在日米軍とは、日本を守るためではなく、アジアや中東への攻撃を想定した部隊ということです。日本は不沈空母として、その補給基地の役割を果たしているに過ぎないのです。実際、アフガニスタンや中東を担当するアメリカ軍の中央軍は臨時軍であり、その実態は沖縄から派遣される太平洋軍です。

ですから、アメリカは日本に強力な抑止力を持った兵器を売ることはない。これが大前提です。そこで、日本の国防を考える上では、独自の軍事技術や兵器の開発が欠かせなくなります。実際、日本でも対地巡航ミサイルの開発が検討されはじめました。

これは次章でお話しする、未来の軍事情勢＝「サイバー戦争」「宇宙戦争」といった局面でも必ず重要になるポイントです。

こう述べると、また「軍事国家化は許されない！」との批判が飛んでくるかもしれません。ですが、現状でも日本は十分過ぎるほど軍需産業に加担していることを忘れてはなりません。ロッキード・マーチンのようなアメリカの軍需産業から、アメリカ国内よりはるかに高い調達価格で兵器を買っている現状は、まさに国民の税金で戦争産業を潤しているようなものです。その資金は、新たな戦争を生み出すことに使われるでしょう。

一方で、専守防衛のために決して自分からは使用しないという誓いを立てた上で、自国で兵器を開発・生産すること。この両者のうち、どちらが戦争に加担していると言えるかは、冷静に考えればすぐに分かることです。

ただし、このようにして自前で抑止力、つまり敵基地攻撃能力を持った場合、それが「憲法に抵触するのではないか？」という議論が、昨今盛り上がりを見せているのも事実。そこで敵基地攻撃の国防における意味合いを正確に把握しておきましょう。

敵基地攻撃は、憲法上の論理と戦術上の論理では、解釈が異なります。まず戦術上の論理に従えば、現代の戦争は攻撃側が圧倒的に有利で、兵器の大もと、つまり基地を攻撃しなければ専守防衛すら成り立たない世界ですから、基地攻撃も防衛、つまり憲法9条の範囲内ということになります。

たとえば、次章で詳しくお話ししますが、サイバー戦争がその典型です。サイバー攻撃は、ミサイルのように迫ってくる弾丸を撃ち落せばいいというものではありません。世界中に散らばったコンピューターから、無数のミサイルが飛んでくるようなものです。

これに対処するには、相手国内か国外かは分かりませんが、とにかく一番根本のメインサーバーを破壊するしかありません。

つまり、サイバーの世界では専守防衛を行う上で、敵基地攻撃は当たり前であり、それすら認めないと主張するならばど素人扱いされるでしょう。

これは物質世界の兵器においても同様で、本気で撃ち込まれるICBMは現実問題として、すべて撃墜することは不可能に近いということをすでにお話ししました。

ですから、もし仮に**本気でICBMを大量発射するようなテロリスト国家があり、そこから自国を守るためには、発射される前に基地を攻撃するより他に方法はない**のです（こう書くと、北朝鮮を想定するかもしれませんが、北朝鮮のビジネス的な側面もすでに指摘しました）。

では、実際にどのように攻撃するのか？　敵基地攻撃というと、一般的には、弾道ミサイルの発射基地をはじめ敵の有する基地を攻め込むというふうに認識されています。たとえば米軍「基地」にミサイルを撃ち込むような事態を思い浮かべるかもしれませんが、まったく異なります。そもそも「敵基地攻撃」という表現が不正確なのであって、正確には**攻撃に必要なインフラを破壊するということです。**

具体的には、ミサイルを発射するための管制系統、通信指令部、レーダーサイトなど。基地攻撃という言葉が誤解を与えますが、在日米軍基地のようなベースキャンプを空爆して、家族まで殺すような非人道的な攻撃方法ではありません。

とはいえ、まだ問題は残っています。それが、「いつ攻撃すべきか？」という判断基準です。

どうも核ミサイルを発射しそうだから攻撃しようといった曖昧な判断基準では、さすがに専守防衛の範疇とは言い切れない。時の為政者によっては、恣意的に戦争を仕掛けることも可能になってしまいます。つまり、敵基地攻撃にとって、いつ仕掛けるかという判断基準は、そのまま憲法9条の問題に直結するのです。

もし仮に発射準備の段階で攻撃可能とするなら、現在の北朝鮮は攻撃対象となり得るでしょう。

専守防衛を最大限に尊重するならば、実際にカウントダウンが始まった後という線引きもできます。

複数のルートで指令を確認し、燃料注入も終わっている。カウントダウンの準備は明らかに整っている。通常ならば、もう攻撃を開始しなければ間に合いませんが、それでもわずかに平和的解決の望みはあります。

ですが、それでも交渉が決裂し、カウントダウンが始まってしまった場合、もし敵基地付近に潜水艦を潜航させておけば、巡航ミサイル、特殊部隊で攻撃を仕掛け、ICBMの発射を阻止することができるのです。

私がリチウムイオン式の潜水艦を世界に40隻ほど潜航させておくべきだと主張するのは、こうした理由も含まれています。軍事技術＝悪ではありません。むしろ適切な軍事技術の開発・整備よって、平和的解決の可能性が高まるケースの方が多いのです。

つまり、**敵基地攻撃を議論する場合、「憲法上、認めるのか認めないのか？」という現在の論点は、まったく見当外れです。**

「敵基地攻撃はもちろんやる。しかし、GOサインを出す線引きは軍事情勢を検討した上で、そのつど判断する」というのが、本来の議論の出発点であるべきなのです。

ただし、ここで注意しなければならないのは、**現在の北朝鮮情勢だけを根拠に、その線引きを行ってはならないということです。**北朝鮮のミサイル実験は、実戦から遠く離れた、まったくのデモンストレーションということを理解しなくてはなりません。

その証拠に、事あるごとに北朝鮮は「いつ実験を行うのか？」というサインを送ってきます。場合によっては、自分から日時まで指定してくる。これは当たり前の話で、実験がニュースにならなければ、ミサイル展示会の営業的には意味がありません。

最近はいきなり撃っていますが、北朝鮮としては、「うちの国の最新鋭ミサイルが飛びますよ。こんなに進歩していますよ」と全世界にアピールしなくてはならない。それを受けて、日本や在日米軍はスクランブルをかけたり、ミサイル迎撃のシミュレーションをする。

こうした台本ありきの伝統芸能が連綿と続いてきたわけです。ですから、日本の国内世論の中には、「ミサイル一発ぐらい撃たせてからでも、敵基地攻撃は間に合うんじゃないか」という楽観論が生まれる土壌があります。しかし、そのような希望的観測で憲法を絡めた線引きを行ってしまっては命取りとなります。

なぜなら、北朝鮮はまだしも、中国が本気で核ミサイルで攻撃しようと決めたら、たとえば、200個の核弾頭に1000個のダミー弾頭を混ぜて撃ち込んでくるような形になる。そうなれば、現在の日本のミサイル防衛システムなどで迎撃できるはずがありません。対中国という視点から言えば、日米間で「毎年1兆円以上アメリカの兵器を買うこと」という伝統があり、端的に言えば、アメリカの軍需産業に予算を垂れ流すための購入品目に最近はイージス・アショアが選ばれているというレベルの話となります。

もっと言えば、将来ロシアや中国が分裂して第二の北朝鮮のような国家が生まれるかもしれません。

中国の技術を持った北朝鮮以上にクレイジーな国家が出現した時、「わが国の憲法では、敵国がミサイル一発撃つまで攻撃はできない」などと言っていては、国家存亡の危機です。日本中にある原子力発電所をミサイルで狙う不埒な国家が誕生するかもしれません（ミサイル以前にテロの可能性もありますが）。

実際、こんな絵空事など起こるわけがないなどと言う人がいるかもしれません。しかし、想定外の出来事までをも考慮しておくのが国防というものです。

ですから、敵基地攻撃の基準とは、そうした未来の可能性まで踏まえた大局的な判断に基づいて選定しなくてはなりません。金正恩氏の頭の中だけを想定したメディアコントロールの中で日本の国防を左右する憲法改正の議論をする。こんな馬鹿な国は、世界で日本くらいなものです。

経済戦争における国防とは何か？

これまで主に物理的な局面での国防について話をしてきましたが、本章の冒頭に述べたように、最大の脅威である中国は経済戦争による覇権を目指しています。では、経済戦争に対して防衛を図るにはどうすればよいのでしょう?

私の考えでは、物理的な国防以上に極めて厳しい状況にあると見ています。そもそも日本人は敗戦後に世界第2位の経済大国に上りつめた記憶をもとに、**優秀な日本人ならば経済戦争で太刀打ちできると楽観している節があります。しかし、それは大きな間違いです。**

敗戦後、**日本が急成長したのは、もちろん日本人の努力もあったと思いますが、最大の要因はアメリカの支援があったからです。**端的に言えば、資金とマーケット。1ドル=360円という異常なまでの円安相場を戦後22年間も続け、朝鮮動乱など戦争によってマーケットを作ってくれたのです。生産性を高める基幹技術も提供してくれました。

今でも旧通商産業省所管の日本生産性本部などの組織がありますが、アメリカがお膳立てしてくれた技術移転のための組織として始まっています。

冷静に考えれば、日本人の生産性だけが突出して高いはずがありません。もし、民族性によるものならば、アップルやグーグルのような企業が日本からどんどん誕生して、すでに経済的な覇権を握っているはずです。ということは、高度経済成長にはシナリオが存在したと考えるのが普通でしょう。

むしろ能力に関係なく、使い勝手のいい人間を社長に据え、護送船団方式で守りながら、銀行がシンジゲートを組んで円安を背景にガンガン資金を融資する。先述の通り、マーケットは用意されていますから、後はロボットのごとく、勤勉に働きさえすれば成長していく環境がアメリカによって整えられていたのです。ですから、東大や一橋を出て、それなりのＩＱは保証されているが、創造性や生産性の低い人間が重宝されました。

もちろんアメリカはボランティアではなく、ソ連の盾として、将来的なマーケットとして日本の経済復興のシナリオを作ったわけですが、想定外だったのは１９８０年代のバブル景気によって、アメリカを買い付けにいくほど急成長を遂げたことです。

世界でも極めて優秀な民族と浮かれていた日本人。しかし、所詮はアメリカの手のひらの上ですから、BIS規制によってバブルは崩壊し、端的に言えばお灸を据えられて今に至っています。

結局その間、グーグルやアップル、フェイスブックのような世界的イノベーション企業は生まれず、得意の家電にしても、すでに有機ELの技術は韓国LG1社に独占されている現状です。

つまり、日本人は特別に生産性が高いわけでも、経済的に優れた民族でも何でもない。まずは、高度経済成長が自分の手柄であったかのような思い込みを正す地点から始めなくてはなりません。

そして、フラットな視点から考えた時、巨大な人口と資本を持つアメリカと中国という二大国に経済戦争で勝利することは不可能だという結論に達します。ただし、勝てはしなくても、負けない方法はあります。それは、「**アクセスの平等性を堅持すること**」です。

どういうことか説明しましょう。まず大前提として理解しなくてはならないのが、「世界は誰のものでもない」ということです。今、中国人が日本のリゾート地やタワーマンション、水源などを買いあさっていても、10年後に中国という国が存在しているかは誰も保証できません。もしかすると、5年後には習近平国家主席が幽閉されているかもしれない。つまり、この世に未来永劫固定された、絶対的なものなどないのです。ですから、一時の所有権、オーナーシップがどこにあるかは本質的な問題ではありません。問題となるのは、そのオーナーが使用者に対してアクセスを制限した場合です。

たとえば、北朝鮮人がオーナーだからといって、パチンコ店が取り締まりにあうことはありません。ですが、そのオーナーが日本人には遊戯させないとなれば問題となります。

同様に中国人オーナーのタワーマンションが、中国人以外入居お断りとしたら即座に社会問題化するでしょう。

つまり、重要なのは所有権よりも、サービスや商品に対して誰もが平等にアクセスできる環境。そもそも経済は国境を越えた活動ですから、オーナーシップの国籍などは問題になり得ないのです。

中国が日本の水源地を買いあさり、水資源を根こそぎ中国に持っていったら問題ですが、日本人が平等に水を利用できるのならば、それは単なるビジネスです。それに苦情を言い始めたら、海外に工場を作って現地の安い労働資源を買い叩いている企業は、すべて批判の対象となります。

現実問題として、日本の上場企業で外資が入っていない企業を探す方が難しいでしょう。マスタートラストなどの国内ファンドを介してはいますが、民間のテレビ局などは放送法違反のレベルで外資天国。日本航空は「日本」という冠がついているにもかかわらず、株主の55％が外資です。メガバンクも財閥系企業にしても、外資に頼っていない企業はありません。しかし、だからといってアメリカ人への融資は優遇しますとか、アメリカ人しかうちの飛行機には乗せませんとはなっていない。フェアなアクセスが担保されています。

これは尖閣諸島や竹島においても、原理的には同じことです。竹島は日本の領土だと政府は認識していますから、韓国人しか住んでいなくとも、それ自体に文句は言いません。抗議するのは、韓国政府が自国の領土だと主張する限りにおいてです。「ここは日本の領土だけど、別に韓国人が住んでもいいよ。でも、地代くらいはちゃんと払いなさいね」というのが日本政府のスタンスです。

同様に、日本の領土という線引きさえ揺るがなければ、尖閣諸島の土地を中国人が買っても問題はありません。そこを自分の領土だとか軍事基地を建設するだとか言い始めたら、即座に自衛隊によって排除すればいいだけの話です。

それこそ、「日本のものは日本人以外に使わせない、売らない」などと主張すれば、逆に日本が国際世論から反発を買うことになるでしょう。「尖閣諸島に住みたい、土地を買いたい」と中国人が言ってきたら、「いくらで買う?」と聞き返す余裕がなければなりません。

このように、今後ますます中国資本が日本に進出してきたとしても、アクセスの平等性さえ守られれば、中国の属国に堕するようなことはありません。

経済戦争においては、必ずしも勝者となる必要はない。日本の国防においては、「負けない立ち回り」が重要なのです。

第5章

未来の戦争における「国防」とは?

第三次世界大戦はとっくにサイバー空間で起きている

これまで核兵器とそれに代わる巡航ミサイルなど次世代の兵器を中心に、現代の軍事情勢を検証してきましたが、前章の敵基地攻撃の項で述べたように、「サイバー空間での戦争」もすでに現実化しています。

私も以前から再三自著で説明してきましたが、その幕開きとなったのが、2009年のアメリカによるイランの遠心分離機への一斉攻撃です。遠心分離機とはウランを濃縮する役割を担う、原子力開発に欠かせない機械。その遠心分離機が、イラン国内で1148台同時に破壊されてしまったのです。

この原因が暴露されたのが2013年、NSA（アメリカ国家安全保障局）の元局員であるエドワード・スノーデン氏による告白です。真相は、アメリカNSAとイスラエルモサドの「スタックスネット」というマルウェアによる「ゼロデイ攻撃」と呼ばれるサイバー攻撃でした。

ゼロデイ攻撃とは、ＯＳ内部の未知のバグを利用してＯＳに侵入する攻撃方法です。このゼロデイ攻撃によって侵入したマルウェア（コンピューターウイルス）は、アンチウイルスソフトを乗っ取り、ＯＳのもっとも深いプロセスに干渉することで、コンピューターを完全に制御下に置きます。ですから、攻撃を受けた側が攻撃されたこと自体に気がつかないこともしばしば。表面上は平常運転を続けながら、実はコンピューターが敵の支配下に置かれているという恐るべき事態が起こるのです。

また、サイバー空間のように無限に広がる世界では、攻撃を仕掛ける側が防御する側よりも圧倒的に有利なことも特徴です。

２００９年のイラク戦争においては、アメリカ軍の無人攻撃航空機プレデター・ドローンがハッキングされるという衝撃的な事件が起こりました。ドローンといっても、軍事用の１機10億円は下らない最新鋭機です。それがいとも簡単に操られてしまった。

この緊急事態を受けてアメリカ国防総省は、初の正式なサイバー部隊である「ＵＳＣＹＢＥＲＣＯＭ」を設立しますが、その設立直後に次世代戦闘機Ｆ－35の設計図とシステムデータがハッキングによって盗まれるという失態を立て続けに演じてしまいます。

これによりF－35の開発は大幅に遅れ、結果、日本に納入されたF－35は現在でも本来の仕様通りの能力を持っていません。

このようにアメリカ軍ですら、サイバー攻撃を完全に防ぐことは不可能。ということは、たとえば北朝鮮が核ミサイルを発射し、いざ撃ち落とそうという土壇場で、ミサイル防衛システムにコマンドを出した瞬間にサーバーがダウンしてしまうといった最悪のシナリオも考えられます。

実際、北朝鮮のミサイル実験の失敗のいくつかは、アメリカ軍が制御システムをハッキングしているからだとも言われ、このサイバー戦争はもはや物理的な戦争を超えた戦略上の意味合いを持つ、第三次世界大戦ともいえるレベルに達しているのです。

２０１７年には、11月19日の民間タグボートとの接触事故を含めて、アメリカのイージス艦は5回の接触事故を起こしましたが、これは米軍ＧＰＳシステムがハッキングされた可能性さえも考えられています。

こうした現状を受けて、自衛隊も２０１４年に「サイバー防衛隊」を設立。しかし、発足当初の人員はわずか90人程度で、現在は約１１０人。私の母校でもある、カーネギーメロン大学に40名も留学させるなど、サイバー防衛に本腰を入れ始めているのですが、ようやく２０１７年７月に防衛省が「将来的に１０００人に増やす」検討に入った段階です。これは大変望ましいことで、早急に実施されることが期待されます。

しかし、残念ながら世界のサイバー戦争レベルははるかに高まっているのが現状です。アメリカのサイバー防衛部隊は、近年大増強され６０００人を超えています。仮に日本の部隊が１０００人に増強されたとしても、その差は6倍。またその頃はアメリカは１万人を超えているでしょう。この数字を見る限り、人員の増強が急務であると言わざるを得ません。つまり、はっきり言えば日本はサイバー戦争において後進国であり、その戦力は攻撃能力では北朝鮮よりも低いと考えていいでしょう。

北朝鮮は当初はミサイル実験をハッキングされるなど防戦一方でしたが、現在は急激に戦力を増強しています。

サイバー戦争における北朝鮮とイスラム国の特徴

〔防衛能力〕

北朝鮮	アメリカ軍のハッキングに対する防衛能力は現時点では低い。 ⇒北朝鮮のミサイルシステムや施設制御システムにハッキングが効果。 ※ただし、状況は変わってきている。今後は安心できない。
イスラム国	アメリカ軍のサイバー攻撃に対する防衛能力は高い。 ⇒アメリカ軍は、プロパガンダ、新兵募集、命令系統などの分断に失敗。

☆その理由

アメリカのサイバー攻撃はNSA型遠隔攻撃で固定施設に効果。ロシア製P2Pなどには効果弱。アメリカのサイバー攻撃はずっとNSA型。サーバーや拠点に対する攻撃、ウイルス、フィッシングを仕掛ける形となる。ところが、イスラム国はロシア製のP2Pのアプリを使っている。製造元がどこの国か関係ない。イスラム国は拠点がなく常に移動、決まったサーバーを有していない。だから、北朝鮮とイスラム国の防衛能力に差が出ている。

〔攻撃能力〕

北朝鮮	サイバー攻撃能力は高く、現在もどんどん高度化中。 Wanna Cryランサムウエア/Remote Access Trojans(RATS),/keyloggers./DDoS botnet/Drive-by download/spear-phishingなど。 ※Remote Access Trojans(RATS)は、先に組み込んでおいて、後からボットネットと言われるコントロールしたサーバーからさまざまなことを行う。
イスラム国	現時点では、サイバーはプロパガンダやリクルート、命令系統などに利用。あくまで物理テロが手段。 ※今はサイバー攻撃にそれほど興味を持っていないと思われる。

ここで、北朝鮮と、その比較のためイスラム国のサイバー戦争における状況をまとめておきましょう。

２０１７年5月、世界１５０カ国で30万台以上のコンピューターが感染したランサムウェア（身代金要求型ウィルス）「WannaCry」によるサイバー攻撃の裏には、北朝鮮が関係していることが明らかになりました。その中心には、「１８０部隊」と呼ばれるサイバー戦争に特化した特殊部隊が存在しています。

２０１６年、ニューヨーク連邦準備銀行が管理するバングラデシュ中央銀行の口座がハッキングされ、約90億円が盗まれた事件。同年、韓国の企業や官公庁が大規模なサイバー攻撃を受け、Ｆ－15戦闘機の設計図など軍事情報を含む4万件を超える文書が外部に持ち出された事件。いずれも裏で糸を引いていたのが、この１８０部隊です。

基本的に、サイバー攻撃はミサイルのように爆散してしまわないので、攻撃を受けた側がその攻撃を解析し、さらに強力な攻撃を開発してカウンターを放つという構図にあります。しかも、ＮＳＡのソフトやプログラムを、腕自慢のハッカーが愉快犯的に盗み出して、インターネット上に公開していたりします。

実際、「WannaCry」はＮＳＡが解析したWindowsの持つ脆弱性の二つを組み合わせたものです。

こうした世界中で起こる事件に対して、マイクロソフトは次のような「デジタルジュネーブ条約」を締結すべしと提唱してきました。

- 各国は民間人、民間企業、重要インフラに対するサイバー攻撃を仕掛けてはならない。
- 各国は知的財産権に対するハッキングをしてはならない。
- 各国は脆弱性が発見された場合、政府機関で保持せず速やかに開示せよ。

根本的な原因はWindowsの欠陥にあるのに、えらく上からの物言いではありますが、それほどアメリカがサイバー攻撃に手を焼いているという証でもあります。

物理的な資源に捉われないサイバー戦争において勝負を決するのは、**いかに優秀な人工知能を開発し、いかに優秀な技術者を育てるか**という二点が重要です。特に後者において、北朝鮮のＲＧＢ（偵察総局）の組織である１８０部隊では、才能のある子どもに幼少期から徹底したエリート教育が施されていると言います。

数学的素養が問われるコンピューターサイエンスの分野では、頭が柔軟な10代の方が優れているケースが多々あります。ハッキング能力を競い合う世界大会「ＤＥＦＣＯＮ」において、サイバーセキュリティのプロを差しおいて圧倒的な強さを誇るのは、私の母校でもあるカーネギーメロン大学の学生たち。また、参加者の中には、まだ17歳の韓国人の少年もいます。彼が企業に雇われる時の報酬は、１秒９９０ドル。秒給10万円とも言われています。しかも、アジア人としてはトップでも世界の個人ランキングではあくまで上位どまり。そんな想像もつかないハイレベルな競争が起こっているのです。

そして、未来のサイバー戦争においては、彼らが中核を担うことになるでしょう。物理的な戦争においては、総合的な経験値や判断力が問われるため、40代、50代と歳を重ねた軍人が将軍になりますが、サイバー戦争においては10代の若者たちが将軍です。2017年、**将棋界で話題となった藤井聡太四段のような司令官が生まれてもおかしくないのです。**

そういう意味では、**国防のため、そうしたクリエイティビティにあふれた子どもたちを育てるのも、一つの重要な方針となります。**

サイバー戦争は人工知能対人工知能の戦いにとっくに移行済み

では、サイバー戦争の現状はどうなっているのでしょうか？

一言で言えば、システムの中のオブジェクトコードを人工知能が読んで、攻撃を考え出す時代が到来したということです。もちろん、サイバーディフェンスでも同様です。人工知能が過去のウイルスパターンを保持し、読み取り、類似したものはすべて防衛します。

実際サイバー空間で攻守を行う際、スピードが重要になってきます。超並列的なコンピューター、つまり超並列人工知能で実施するしかありません。軍事のオペレーションにおいては、1秒が命取りになるのは、当然の認識です。

つまり、**サイバー戦争の最前線は、人工知能対人工知能の戦いということになり、それを指揮するのが人間ということになります。**

たとえば、囲碁の世界では、ディープラーニングを備えたアルファ碁が人間を圧倒しました。しかし、それで人間の役割が失われたかというと、そんなことはなく、人工知能同士が戦った場合、いかに優秀な人間がサポートについていたかで雌雄を決することになるのです。

これはサイバー戦争でも同じです。いくら優秀なハッカーを育てようが、人工知能と戦っても人間には限界があります。だからといって、軍事のような重要な作戦の場合、人工知能にすべてを任せることは、今後もあり得ない話でしょう。つまり、**最高峰の超並列人工知能を備え、優秀なハッカーを育てた国が覇権を握るのです。**これは当然、ミサイルを発射する前に敵国のインフラを叩くという「敵基地攻撃」においても非常に重要な戦術となります。

ですから、日本もこの二つの要素を徹底的に鍛え上げることが急務となります。その際のポイントは役割分担をはっきりさせること。**過去の知識やデータをもとに、強固な人工知能を生み出すのは年配の技術者、いまだかつてないシステムや攻撃方法を生み出すのは創造性に優れた10代。**このように役割をハッキリさせることが、サイバー戦争を勝ち抜く、一つの指針となるのです。

独自OSの開発を急げ

このようにサイバー戦争の局面では、大きく後れを取っている日本。ですが、「防衛」という観点では、打つ手は残されています。それは「独自ＯＳの開発」です。

ゼロデイ攻撃は、ＯＳの未知の脆弱性を利用した攻撃であると説明しました。つまり、Windowsなど世界中にシェアを持つＯＳを導入している限りにおいて、その新たな脆弱性が発見されるリスクは常につきまとい、結果としてゼロデイ攻撃から身を守る術《すべ》はありません。ですが、日本独自のOSを開発して、コアテクノロジーをブラックボックス化すれば、外部からの攻撃手段を封じることが可能となります。

全世界におけるサイバー攻撃による被害は、2020年には民間企業だけで300兆円を超えると試算されています。IT後進国として攻撃にさらされている日本の被害は、100兆円に上ってもおかしくない。

一方、独自OSの開発は1兆円どころか1000億円もあれば実現します。しかも、開発が遅れれば遅れるほど、被害は級数的に増大していく。ですから、**サイバー戦争における国防を考えるならば、まず独自OSの開発こそが喫緊のミッションと言えるでしょう。**

P2Pによるハイブリッド戦略

独自OSの開発こそ至上命題であると指摘しました。しかし、それはあくまでサイバー空間に限定された専守防衛手段としてです。

これまでサイバー空間を戦場とした第三次世界大戦について述べてきましたが、実は世界はさらに進んだ第四次世界大戦に突入しようとしています。それが、サイバーと物理の「**ハイブリッド戦争**」です。

北朝鮮に対するサイバー攻撃は、ミサイル管制システムをハッキングすることによりNSAがある程度の戦果をあげることができました。一方で、イスラム国に対してはほとんど戦果をあげることはできていません。

それはなぜか?

理由は簡単で、イスラム国がサーバーを経由しないP2Pを通信手段として使用していたからです。具体的には、ロシア版LINEのようなものです。

NSAのサイバー攻撃の中心は、インターネットサーバーをハッキングすることです。もちろん、現象的には個々のコンピューターにウイルスをばら撒くことになりますが、その本質はあくまでサーバーのハッキングです。なぜなら、インターネットに繋がれたコンピューター同士が通信する場合、必ずサーバーを経由しなくてはならないからです。

一方、P2Pとはサーバーを経由せずに、コンピューター同士が直接やり取りする技術です。インターネットという無限に広がる空間ではなく、サイバー空間の中に閉じた組織を形成できるのがP2P。それゆえ、NSAが外部から干渉することが極めて難しいのです。ですから、テロリストの作戦行動を事前に把握できず、自爆テロは今なお収まる気配がありません。

また、当初は**NSAのハッキングによって失敗続きだった北朝鮮のミサイル実験が、徐々に制御しきれなくなってきたのも、イスラム国型のP2Pに切り替えたからではないかとアメリカ議会では問題となっています。**

これは非常に危険で、ハッキングが有効だと思い込んでいるうちに、本番の核ミサイルだけP2Pで発射されれば、制御できずに泡を食うことになります。

おまけに、ＮＳＡの技術はＰ２Ｐに対して無力であるだけでなく、WannaCryのように利用されてしまうリスクすらある。ですから、「ＮＳＡはもう役に立たないどころか害である」とつぶやく人たちさえ出てきました。

通信や索敵《さくてき》の手段としてコンピューターを利用するものの、Ｐ２Ｐという閉じたネットワークに限定し、攻撃手段は物理的兵器で行う。これが最先端の「ハイブリッド戦争」です。

その象徴的な事例が、２０１７年にイスラエルの諜報活動により発覚したイスラム国のノートＰＣ型爆弾です。探知機をかいくぐって航空機内に持ち込み、自爆テロを可能とするために開発が進められていましたが、その極秘情報をシリアに拠点を置く爆弾製造班のコンピューターからイスラエルが入手したのです。

では、Ｐ２Ｐによって守られているこの情報をどうやって手に入れたのか？

その方法は、現地に潜入してP2Pのネットワーク内に入り込むほかありません。つまり、現実世界でのエージェント（秘密業務）によるリスクを伴うミッションが必要となるのです。

このように**サイバー空間のP2Pのネットワークに潜入、または破壊するために、物理的な軍事力である特殊部隊を送り込むことが要求される。それがサイバーと物理のハイブリッド戦争です。**もちろん、敵地中心部へ潜入することになりますから、特殊部隊の抱えるリスクは非常に大きい。この点において、アメリカは厳しい立場に立たされています。

なぜなら、アメリカ軍では「死んで来い」という命令が絶対に出せないからです。兵士に覚悟があっても、議会が黙っていない。ですから、流血のないサイバー攻撃に重点を置かざるを得ません。本土の基地からドローンを操作して、ゲーム感覚で空爆をした方が安全ではないかという考え方です。

しかし、NSAがすでに岐路に立たされているように、アメリカのサイバー空間における戦闘力は、もはや他国を圧倒しているとは言い難いのが現状です。むしろ、局面によっては時代遅れと言ってもいいでしょう。

時代の主流はP2Pであるにもかかわらず、アメリカ軍はいまだにWindowsやLinuxの商用サーバーを使い続けています。これはひとえにマイクロソフトとIBMが巨大な資本を盾にロビー活動を行った結果ですが、一度そう決めて投資を行った手前、なかなかそこから抜け出せない。そして、NSAから流出した脆弱性の情報によって、常にサイバー攻撃にさらされる。

一方で、リスクの高まった特殊部隊は人手不足に陥って、機能しなくなってきた。第三次世界大戦中とも言える今のアメリカは、対テロの戦果がかんばしくないように、少しずつ軍事大国から後退しようとしています。

これは日本も同じことで、サイバー防衛隊はもともとNSAを手本としているので、現時点ではP2Pに対しては無力です。しかし、アメリカとは決定的に異なる点がひとつあります。それは、日本は「サムライの国」だということです。

ジハードがカミカゼをリスペクトしたものであるように、建前上はどうであれ、日本人の精神性には武士の精神が宿っています。

フランス語では自爆テロのことを「Kamikaze」と呼び、２０１５年のパリでの自爆テロでも、そう報道されました。

つまり、日本はもともと自分の命以上の価値のために、自らを犠牲にできる精神性を持った国なのです。ですから、死地に身を投じて、差し違えてでも相手のＰ２Ｐ網を破壊する特殊部隊を編制できる可能性があります。

私個人としては問題と思いますが、戦闘に巻き込まれる可能性の高い南スーダンに派遣されたＰＫＯ部隊に支給された救命キットの中には、包帯、止血帯、はさみ、手袋などしか入っていません。これでは銃弾を受けた場合に適切な処置もできず、まさに「死んで来い」と言っているも同然ですが、それでも自衛官は逃げ出さずにきちんと任務をまっとうしています。

日本は明治維新と第二次世界大戦での敗戦で二度サムライを失いましたが、戦後半世紀以上が経ち、サムライの遺伝子が再び芽吹きつつあるのです。しかも、自衛隊のエリートは防衛大出身のIQの高い本当のエリートです。アメリカの特殊部隊のように、物理空間での戦闘力があるけれどサイバー空間はからっきしというわけではありません（もちろんそういうハイブリッド部隊も今編成中ですが）。

死地へ飛び込み、戦闘のみならずハッキングもできる特殊部隊。これが第四次世界大戦での最大戦力です。イスラエルは、いち早くその部隊の実現化に成功したからこそ、イスラム国の極秘情報を入手できました。

日本は、精神性でいえばアメリカよりもイスラエルに近い。つまり、日本は**ハイブリッド戦争において強力な抑止力を手にできる可能性が残されているのです。**

特殊部隊は宇宙にも投入される

第四次世界大戦において、死地に飛び込める特殊部隊が重要である理由は、ほかにもあります。それは、「宇宙」です。

読売新聞2017年8月18日（金）の記事によると、航空自衛隊が「宇宙部隊」を創設することになりました。

その役割は、人工衛星に影響を与える宇宙ゴミ（スペースデブリ）および衛星兵器の監視となります。宇宙航空研究開発機構（JAXA）、アメリカ軍とも情報共有し、アジアを中心に全世界を見守る仕組みを構築していくということです。

第三次世界大戦において戦場が物理空間からサイバー空間へと拡大したように、第四次世界大戦の戦場は、地上だけでなく宇宙にも広がります。

宇宙というと日本人宇宙飛行士が「国際宇宙ステーションに到着しました！」といった平和なニュースばかりが流れますが、**アメリカ、ロシア、中国など大国の宇宙開発の主目的は軍事です。**

宇宙飛行士のミッションは多岐に渡り、その中には極秘の軍事ミッションが多数含まれています。日本人は、そのカモフラージュに〝お客様〟として席を与えられているに過ぎません。

さきほど出てきたイスラエルも、ロケット技術の進化が目覚ましく、国防の一環として宇宙開発に力を入れているはずです。

こうした現状に対して、日本は２０１７年３月に、ようやく安全保障に活用できる情報収集衛星を打ち上げたところです。

よく宇宙空間は無限にあると勘違いされがちですが、衛星を配置できる場所は軌道上限られています。

私が三菱地所の新入社員だった１９８３年には、１３２個しか打ち上げることができませんでした。だからこそ、いち早く三菱地所の人工衛星で宇宙空間を買い占めようと提案したのです。

当時、衛星を一つ打ち上げる費用は１５０億円。地上に高層ビル１棟建てるよりも安くすみました。１００個打ち上げても１兆５０００億円。破格のコストパフォーマンスです。

しかし、残念ながら、当時は私の提案は誰にも理解されませんでした。もし、人工衛星を100個打ち上げていたならば、今頃、三菱地所は世界最大の資産を持つ企業となっていたことでしょう。

少し話が逸れましたが、要するに、**宇宙も土地が限られている以上、地上と同じように領土争いが起こるということです。**しかも、コンピューターによる情報戦の色が濃い現代の戦争において、人工衛星は軍事戦略上の重要拠点、つまり、基地です。

人工衛星の基地としての能力は、情報収集力だけに留まりません。妨害電波を発することで相手国の索敵能力を奪うこともできますし、次世代の主力火器である「レールガン」や「レーザー砲」を配備すれば圧倒的な火力を持つこともできます。

レールガン

レーザー砲

宇宙開発競争が本格化した1983年に当時のレーガン大統領が打ち出したSDI（戦略防衛構想）の要は、衛星軌道上にミサイル衛星、レーザー衛星、早期警戒衛星などを配備することを目標としていました。

アメリカは当時から人工衛星を軍事拠点として捉えていたわけです。ただ、私の提案が却下されたように、レーガン大統領のSDIも「スターウォーズ計画」などと揶揄される向きもありました。

しかし、時は流れて、人工衛星の攻撃拠点化は目の前まで来ています。このまま技術開発が進めば、人工衛星からのピンポイントの狙撃が可能となり、核ミサイルや巡航ミサイルとは比にならない最強の兵器となることは間違いありません。

レーザーは光の速さで着弾するため、実質上、迎撃という考えが成立しません。撃たれた時には一瞬で戦争は終わっている。この絶大な火力に対して、専守防衛を果たすにはどのように対抗すればよいのでしょうか？

一つは、**日本も軍事衛星という抑止力を保有することです**。レーザー以外にレールガンも重要な技術です。レールガンは弾丸を高速射出する仕組みで、リニアの技術と共通点もあります。ですので、すでにリニア開発に成功している日本にとっては難しくありません。

そしてもう一つは、**レールガンやレーザー砲を撃ち込まれる前に、衛星内部から破壊すること**。その任務を果たせる存在こそが、宇宙専用の特殊部隊というわけです。

宇宙での戦闘は地上とは比較にならないほど危険の伴うミッションです。ですから、先に述べたように特殊部隊員が「サムライ」である必要があります。この点で、日本は他国よりも一日の長があると言えるでしょう。実際、海上自衛隊はどこの国もやりたがらない機雷の撤去で世界一の能力を持っています。

歴史を紐解けば、第一次世界大戦では戦車団を中心とした歩兵部隊が最大の戦力だったのが、第二次世界大戦では空母を中心とした航空戦力がその地位に取って代わりました。冷戦時は核兵器、そして現代は潜水艦と巡航ミサイル。このように、目まぐるしく戦争の形が変化していく中で、専守防衛を果たすには、その時代にあった防衛戦略が必要となります。

現在進行中の第三次世界大戦では、サイバー攻撃部隊と無人機が主力となるでしょう。事実、自衛隊が導入した最新のF－35打撃戦闘機は、アメリカ軍にとって最後の有人戦闘機となる予定です。ですが、**真の国防を考えるなら、さらにその先の宇宙を含めた第四次世界大戦に備えなければなりません。**

また、暗号アルゴリズムをベースとした現在のサイバー空間のセキュリティは、数年以内に予想される量子コンピュータの実用化で、一気に様相が変わります。**我が国も量子コンピュータを前提としたサイバー防衛を早急に進める必要があります。**現在あるすべての暗号は量子コンピュータで簡単に破られるからです。もちろん、**量子コンピュータによるサイバー攻撃も早急に開発を進める必要があります。**

これまで指摘してきたように、すでに第三次世界大戦において、アメリカ一強の世界情勢は崩れつつあります。つまり、これまでのようなアメリカ頼みのスタンスでは、日本国民の生活を守り切れなくなる日も近い。だからこそ、さらに未来の第四次世界大戦を見据えた戦略を今から実行に移していくべきでしょう。

そして、その戦略の要こそが、サイバー攻撃能力も兼ね備えた「地上のサムライ」と「宇宙のサムライ」という二つの特殊部隊となるのです。

対テロリズムは民間の力が必要

さて、テロリズムの横行でリスクが高まるとともに、アメリカの特殊部隊は人手不足に陥っているという話をしましたが、最後に対テロの国防について考えてみましょう。

これまで私は潜水艦にしろ、巡航ミサイルにしろ、特殊部隊にしろ、すべて「正規軍対正規軍」の戦争を想定した国防について述べてきました。ですが、国民の生活を守るという意味では、対テロリストも重要な国防の局面です。

基本的に、**対正規軍と対テロリストでは、戦闘行為の種類が異なります。前者が戦争行為であるのに対して、後者は警察行為にあたります。**しかし、イスラム国を見るまでもなく、テロリストの仕掛けてくる攻撃は、正規軍と遜色ない、民間人がターゲットになるという意味ではむしろそれ以上に危険なものです。

ですが、戦争行為ではなく警察行為であるという点において、正規軍が対テロリストとして行える作戦は限られてしまうのです。

たとえば、ジュネーブ条約では民間人への攻撃を禁じていますが、テロリストは条約で規定される正規軍の制服を着ているわけではなく民間人です。テロリストを拘束することはできても、警察権の範囲では戦闘を交えることはできません。

そこで登場するのが「**民間軍事会社**」（PMC, Private Military Contractor）という存在です。いわゆる傭兵部隊。アメリカでは、9・11以降、海外での対テロリズムの戦闘が激化したので、この民間軍事会社の比重が高まっています。

民間軍事会社の戦闘要員はジュネーブ条約に拘束されない上に、戦闘で犠牲となっても公式発表では死者としてカウントされません。もちろん、裏では政府に雇われているのですが、正規軍ではないので、民間軍事会社の社員がどれだけ犠牲になっても、表向きは死者ゼロと発表できる。

これは、アメリカ人が一人でも死ぬことに強いアレルギーがある議会の圧力が強いアメリカでは、非常に便利な存在です。ですから現在、海外で歩兵部隊として最前線に送り込まれているのは、ほとんどが民間軍事会社の戦闘要員です。

アメリカの正規軍は約140万人ほどですが、最大手のダインコープを中心とした民間軍事会社の要員は、間接雇用まで含めて、総計すると200万人にものぼると試算されています。

このように、現在のアメリカ軍は歩兵部隊が民間軍事会社の戦闘要員であり、航空機による爆撃や指令・通信を担うのが正規軍という入り混じった複合的な構成になっています。また、どちらが正規軍か分からないような人員構成です。

具体的に言えば、ゲーム大会で軍がスカウトしてきたそれまで軍人でもなんでもなかった若者が砂漠のトレーラーの中で無人機を操縦していたりする。もちろん、スカウトされた以上はその若者は正規軍ですが、特殊部隊から高給で引き抜かれたエリートで構成される民間軍事会社の戦闘要員の方がはるかにキャリアの面からも軍人らしい軍人です。

中東でジャーナリストが拘束されて処刑されたというニュースが度々ありましたが、彼らは民間軍事会社の社員であった確率が高い。現在、世界の紛争地域の最前線にいるのは、間違いなく民間軍事会社です。

そう考えると、大局的な見地からすれば、依然として正規軍および大量破壊兵器の存在は大きいものの、局地的な戦闘では正規軍の存在感は薄まりつつあります。これは正規軍対正規軍の戦争にも言えることです。

戦争ならば軍人で対処できますが、たとえば尖閣諸島の一件はどうでしょう？　尖閣諸島にやってくる中国人は、ほぼ軍人と推測されますが、漁民としてやってきます。この時点で、海上保安庁ならびに海上自衛隊は手出しができません。隊員が撃ち殺されて初めて、「遺憾の意」を表明するくらいしかできないでしょう。

これから2020年には東京オリンピックというテロリストが間違いなく狙ってくる舞台もやってきます。テロリストの仕業と見せかけた北朝鮮の工作員（土台人（トデイン））が破壊工作を行うかもしれません。

さきほど、戦争の形は目まぐるしく変化し、状況に応じた対応が必要だと述べましたが、ジュネーブ条約だけでなく憲法9条にも縛られた自衛隊が、現在の形でどれだけ国民の命を守れるのかは疑問です。

ですから、第四次世界大戦に向けた特殊部隊の養成にさきがけて、**日本が取り組むべき課題として、民間軍事会社の設立も懸案事項に入ってくるべきでしょう。**

正規軍の兵士が持つ武器は支給された年代によってマチマチですが、古めかしい軍事装備と予算削減の論理にしばられない民間軍事会社ならば最新鋭の装備を揃えられます。元特殊部隊の教官を招聘して、海外で徹底的に鍛え上げることもできる。何より自衛官の命を、リスクに見合わない薄給で危険にさらすこともない。

最初は退役自衛官など1000人から始め、徐々に規模を大きくして2万人までに増やせれば、わざわざ日本にテロを仕掛けようという勢力も激減するはずです。
実は自衛隊の幹部も、そんなことは十分に承知しています。世界の軍事の常識を知らないのは、トップである大臣や近視眼的なものの見方しかできない政治家たちだけです。

たとえば、日本初の民間軍事会社のイメージはこうです。かつてアメリカで最大の民間軍事会社であったブラック・ウォーターをもじって「株式会社レッド・サン」。所属社員は全員日本人だけれど、会社の所在地はバージン諸島。業務内容は、人質救出・日本領海や離島での外国人偽装兵士の撃退などとなります。

最初は東京オリンピック時の自警団・ボディーガードからスタートして、そこまでたどり着けば、その頃には、日本版民間軍事会社戦闘要員の戦力は特殊部隊に並ぶ貴重な戦力となって有効活用されているはずです。

第6章

日本人の選択

自衛隊の現状を把握する

これまでの説明で、攻撃能力に特化した「専攻防衛」を目指す場合には、リチウムイオン電池式潜水艦と巡航ミサイルが必須であることは理解してもらえたかと思います。そして、すでに新型潜水艦は実装段階に入りつつあります。

しかし、それらはすべて海上自衛隊の装備です。ご存知のように、自衛隊は海上戦力だけではありません。では、航空自衛隊と陸上自衛隊の現状はどのようになっているのでしょうか？

まず、航空自衛隊ですが、そもそも空軍というのは終戦後の冷戦時代に発達した部隊です。それまでは、航空機の航続距離が短かったので、空母に乗せて目的地の近くまで運ぶ必要があった。これが「機動部隊」と呼ばれるもので、基本的には海軍に所属する海軍航空隊です。

一方、空軍が独立性を高めるのは、冷戦後に空中給油の技術が発達し、航続距離が飛躍的に伸びてから。その技術革新の裏には、冷戦時の緊張関係が大きく関係しています。

というのも、冷戦時はアメリカとソ連が船舶《せんぱく》でお互いの領海を侵犯した時点で、事実上の宣戦布告となるため、機動部隊に頼るわけにはいかなくなった。その代わりに、長距離航続できる空軍だけで、ある程度まとまったミッションをこなす必要が生じてきたのです。

空軍のミッションは、ドッグファイトと呼ばれる戦闘機同士の空中戦だけに留まりません。むしろ、戦闘機の役割は相手の爆撃機を撃墜し、味方の爆撃機を守ることです。そして、巡航ミサイルなどで目標への直接ダメージを与えるのが打撃戦闘機の役割。さらに、早期警戒管制機（ＡＷＡＣＳ）に代表される偵察・通信も重要なミッションです。

通信とは友軍同士の通信だけでなく、敵国の通信を破壊するジャミング部隊も含まれます。昨今話題の電磁パルス攻撃（ＥＭＰ）の技術は、すでに冷戦時代から実戦配備されており、今では、空中から地中に打ち込んでとてつもない電磁波を出すＥＭＰ爆弾と呼ばれる兵器も開発されています。一瞬にして周囲一帯に強烈なパルス電流を流し、通信機器だけでなく、インフラ全般が壊滅的なダメージを受けることになるのです。

このように冷戦を機に、複合的な役割を担うようになり、重要性を増していったのが空軍です。しかし、昨今の軍事技術の発達とともに、その存在意義はやや薄くなっているのが現状です。

なぜなら、冷戦時に身動きが取れなかった機動部隊に代わって、長距離航続できる部隊として台頭した空軍ですが、現在の通信・索敵技術にかかれば、居場所を隠すことができない上に空中給油などをすれば簡単に撃墜されてしまうからです。つまり、冷戦後、空母が航海できる範囲が大きく拡大した以上、再び機動艦隊に席を譲ることとなったのです。

２０１７年11月11日から、ロナルド・レーガン、セオドア・ルーズベルト、ニミッツの空母3隻が日本海で合同演習しましたが冷戦時代にはあり得なかったことです。

では、防衛面ではどうかと言えば、実際役に立つかどうかは別にして迎撃ミサイルの時代です。さらに無人機の時代が来たので、そうなると伝統的な空軍の戦闘は、もはやメインではないのです。

今もロシアや中国の戦闘機が日本の領空付近に飛来し、戦闘機部隊が配備されている7つの航空自衛隊基地から年に千回もスクランブル発進をしていますが、儀式的な挑発に過ぎず、それがすなわち戦争に直結するようなものではありません。

今回の北朝鮮の一件でも、主力として投入されているのはカールビンソンでありロナルド・レーガン。つまり、空母を中心とした空母打撃群と言われる機動艦隊です。ただし、注意しなければならないのは、艦載機には昔のように海軍航空隊だけでなく、空軍も交じっているかもしれないという点です。

戦争が複合的なミッションで構成されるようになった現代では、陸軍・海軍・空軍という色分けが徐々に希薄化しています。主に陸軍の戦力である特殊部隊を海軍の潜水艦、もしくは空軍の輸送機が運ぶ必要もあります。

このように世界的には三軍が統合される傾向にあり、戦争の形自体が日進月歩で変化している。その中で、いまだに**三軍を独立した部隊として扱っている日本の自衛隊はそろそろ統合に進むべきです。**

現実問題として、現在の海上自衛隊がもっともコンビネーションがとれているのは陸上自衛隊でも航空自衛隊でもなく、訓練をともにしているアメリカ海軍でしょう。

安保法制上、致し方ない部分があるとはいえ、仮にアメリカ軍の庇護《ひご》がなくなった場合のリスク管理まで考慮すれば、このことは看過できる事態ではありません。幸い、航空自衛隊の戦力自体は、領空内では北朝鮮や中国を寄せつけぬレベルにありますから、今後は海上自衛隊、陸上自衛隊との連携を密にしていく必要があります。

自衛隊の定員及び現員

区分	陸上自衛隊	海上自衛隊	航空自衛隊	統合幕僚監部等	合計
定員	150,863	45,364	46,940	3,987	247,154
現員	135,713	42,136	42,939	3,634	224,422
充足率（%）	90.0	92.9	91.5	91.1	90.8

2017.3.31 現在
出典『防衛白書』（平成29年版）

最多の自衛官を擁する陸上自衛隊の存在意義

現代の戦争において主力となる海上自衛隊、さらにサポート役として必要な航空自衛隊。では、残る陸上自衛隊の存在意義とは何なのでしょうか？

現在、約22万人の自衛官のうち半数以上が陸上自衛隊員です。防衛費約5兆円のうち約2兆円が人件費ですから、陸上自衛隊の人件費だけでおよそ1兆円を費やしていることになります。

しかし、仮に日本が攻撃を受ける場合でも、敵の歩兵部隊による本土上陸はあり得ないことは何度も指摘した通りです。もちろん、自衛隊員たちは厳しい訓練をこなしており、その練度は世界でも有数です。ですが、そもそもの防衛戦略にボタンの掛け違いがあれば、無用の長物と化してしまいます。

冒頭で北海道の特科団のお話をしました。たとえば、そこに配備されている多連装ロケットシステム（ＭＬＲＳ）は、もともとソ連の戦車部隊を想定して開発されたものです。それゆえ、射程も数十キロメートルほどしかありません。

では、ソ連の戦車部隊が日本に上陸することはあるのでしょうか？

同じようにＭＬＲＳを配備しているＮＡＴＯやイスラエルなら、近隣諸国と陸続きなので理解できますが、日本にそのようなリスクはほとんど皆無といって差し支えありません。

では、ロケット弾ではなくミサイルはどうか？　自衛隊で採用されている地対空ミサイルは、1950年代に開発されたホークの改良版ならびに後継種である03式中距離地対空誘導弾。射程は50キロメートルほどで、対空といっても飛来するミサイルを撃ち落とせるような迎撃ミサイルとはなり得ません。

さらに地対艦ミサイルである88式地対艦誘導弾、12式地対艦誘導弾にしても、射程は100～最大で200キロメートルほど。千歳から撃ったら稚内までも届きません。北海道の特科団が狙いを定めている間に、ロシアの艦隊は悠々と本州へ乗り込んでくることでしょう。

ただ、こうしたロケット砲やミサイルは専用車両に搭載することで自走機能を施してありますから、実際の迎撃性能は高いとする向きもあります。

ですが、そうした仮説は、相手の攻撃方法や日時、場所などがあらかじめ判明していなければ意味がありません。

これは海上自衛隊のイージス艦に搭載されている迎撃ミサイル「SM3」においても同様です。対北朝鮮の戦力として見込まれていますが、これまでは北朝鮮からミサイル発射の予告があり、それに合わせて艦船を配備して、ミサイルを撃つという伝統芸能のようなやり取りがありました。

つい最近では、このＳＭ３の最新型である「ＳＭ３ブロック２Ａ」の発射実験が、２０１７年２月ハワイ沖で成功したとされました。ところが、同年６月の実験では見事に失敗。原因は人為的ミスでミサイルの性能自体に問題はないとされましたが、すべての環境があらかじめ整えられている実験において失敗するようでは、心もとないものです。

同じように陸上自衛隊の自走砲も、あらかじめターゲットの場所が分かっていればそれなりの戦力になるでしょうが、実戦を想定した場合はまったく別次元の問題となります。

まずターゲットを射程に捉えられる有効地点まで移動し、そこからさらに統合幕僚、官邸の指示を待って迎え撃つ。そんなプロセスを完璧に遂行できるほど、現代の戦争は悠長ではありません。

だからこそ、**本土防衛の手段としてはイスラエルアイアンドーム式の自動迎撃システムがもっとも有効である**と私は指摘したのです。そして、いくら訓練しているといっても、これまでロケット砲を扱っていた陸上自衛官に、最新鋭の人工知能が制御する自動迎撃システムをいきなり使いこなせというのは無理な話です。

新設されたサイバー防衛隊では、カーネギーメロン大学への留学も経験させていますが、今後はそういった専門教育を受けたスペシャリストが必要となるでしょう。

このように現状を冷静に分析すると、現時点で陸上自衛隊が抱えている約14万人もの人員および装備は、明らかにコストパフォーマンスが悪く、防衛費をいたずらに圧迫していることが分かります。にもかかわらず、自衛隊員の半数以上が陸上自衛隊に集中している理由。それは、前述したように地方の経済対策から引くに引けないという事情もあります。

ですから、陸上自衛隊を真の国防を担う存在として再生させるならば、**段階的に人**

員削減を行い、1万人のサイバー兵士を兼任する特殊部隊と自動迎撃システムを制御するサイバーエリートを中心に編成し直すことが急務であると私は考えます。

また、今後は海兵隊能力を本格化し、離島を本格的に守る機能も必要になってきます。

軍事費ゼロの専守防衛

このような現状を踏まえれば、今の自衛隊だけで専守防衛を果たすことは難しく、私が提案してきたような「専攻防衛」に特化した方向転換が必要であることをお分かりいただけたかと思います。

しかし一方で、私は「軍事費ゼロの専守防衛」という道もあると述べました。5兆円の軍事費をすべてロビー活動や経済支援に回すことで、日本を攻撃しようという国を世界からなくす。そんなことが果たして可能なのでしょうか？　私は十分に可能であると考えます。

そもそも最大の脅威である北朝鮮は、かつて日本国内で楽園だと信じられていた時期があったほどの国です。彼らはアメリカが憎いのであって、中国のような露骨な反日教育が施されていたわけではありません。兄貴分であったソ連が崩壊し、政治的・経済的に孤立したことで、追い詰められてしまったという側面があります。

もし仮に、ソ連崩壊後に日本が経済的に支援していれば、現在のような悲劇は起こらなかったかもしれません。

北朝鮮のミサイル実験にはミサイルを売って外資を稼ぎたいという意図があり、サイバー攻撃にしても銀行をハッキングして外貨を盗み取るほど財政的に追い詰められているのは、すでに述べた通りです。**戦争の裏には、必ず経済・格差・貧困の問題がある**。ジャパンマネーでロックフェラー・センターを買収できるほどの余裕があった時期に平壌の一等地に投資しておけばよかったのです。

かつてはアジアの小国でありながら巨大なアメリカに立ち向かい、敗戦してなお経済大国として復活した——少なくとも冷戦終結前までは、このように日本を尊敬している国は数多くありました。

たとえば、バングラデシュの国旗は、その象徴とも言えます。日の丸と同一のデザインで、豊かな自然を表す緑の地に、独立のために流した血を表す赤い丸が描かれたその国旗は、初代大統領ムジブル・ラーマンが日本に憧れて作ったものだと、娘のシェイク・ハシナ首相が明かしています。自分たちと同じように列強の支配に抗って多くの血を流し、それでも立ち上がった日本のようになりたい。そう思われていた時代が、確かにあったのです。

にもかかわらず、なぜ自ら、その尊敬をかなぐり捨てなくてはならないのか、日本人は今一度考え直さねばなりません。

アメリカの対日戦略が上手だったということですが、ＢＩＳ規制を受け入れて、日本経済は崩壊しました。しかし、もしそこで冷戦後のニュー・ワールド・オーダーの主役として日本が名乗り出ていたならば、いまだ経済大国としての地位を保持し、アジアのリーダーとなっていたはずです。日本のODAによって途上国は発展を遂げ、日本を中心としたアジアの経済圏が確立されていたことでしょう。

それが現実はどうか？

停滞する日本に代わって台頭した中国が一帯一路で開発事業を請け負い、日に日に影響力を強めています。しかし、たとえば中国の支援で建設されたインドネシア最長の吊り橋「クタイ・カルタヌガラ橋」はわずか10年で崩落し、多くの犠牲者を生んでいます。彼らは勇み足です。

戦争と経済は表裏一体と繰り返し述べましたが、その象徴が巨大な米軍組織です。世界最大の軍隊であるアメリカ軍を、ただの軍隊であると考えてはいけません。そのもっとも特殊な点は、2万社以上の企業と互恵関係を持つ「軍産複合体（ＭＩＣ）」であるという点です。つまり、**アメリカにとって戦争は明確にビジネスなのです。**

1947年に国家安全保障法に基づいて設立された「国防総省（ペンタゴン）」と「中央情報局（CIA）」によって中央集権化された軍事組織、その周辺にはロッキード・マーチンやボーイングをはじめとした企業群があり、さらに投資銀行を中心とした国際金融資本ががっちりとスクラムを組んでいます。

このMICは時の政権以上の権力を持つ陰の支配者であり、鳴り物入りで就任したトランプ政権でさえ大統領首席補佐官に海兵隊出身のジョン・フランシス・ケリーを、財務長官にゴールドマン・サックス出身のスティーブン・ムニューチンを登用するなど、その存在を決して無視できません。

つまり、アメリカの根幹にMICがある限り、アメリカにとって戦争は、〝常に起きていなくてはならないもの〟なのです。

イラク戦争の建前であった大量破壊兵器の保有は、まったくのデタラメであったことが判明しています。しかし、戦争は継続され、軍需産業を中心にアメリカの株価は暴騰。その尻拭いとして、〝世界の警察〟という建前を貫くためだけにイラクの治安維持にあたったアメリカ兵のうち４０００人以上の命が失われました。
このような流血によって一部の企業と銀行家が肥え太るためのロジックに加担し、あまつさえぼったくり同然の価格でその企業から兵器を調達し続ける日本が、果たして平和国家であると胸を張っていられるのでしょうか？

残念ながら、現在のアジア情勢から厳密に軍事費ゼロの専守防衛という案は難しいでしょう。

ですが、軍需産業の言うがままに兵器を調達するのをやめ、軍事費を圧縮し、その分を国内経済の回復に充てることは可能です。

そして、日本経済が復活すれば、中国やロシアが日本を脅かす理由もなくなります。
なぜなら、日本が今以上に欠くべからざるビジネスパートナーとなれば、戦争を仕掛けるよりも友好関係を維持した方がメリットが大きいからです。戦争の建前はそれぞれの正義であったとしても、本音は常に経済であることを忘れてはなりません。

集団的自衛権よりも個別的自衛権が問題

先ほど、イラクの治安維持により4000人以上のアメリカ兵が犠牲になっていると述べましたが、その数に驚いた人も多いかと思います。

当時のニュースで知る限りにおいては、アメリカ軍が一方的にせん滅したという印象を持っている日本人がほとんどでしょう。

実際、戦争終結が宣言された時点でのアメリカ軍の死者は約130人ほどです。軍事技術が発達し、短期間の局地的戦闘で大勢《たいせい》が決する現代の戦争においては、死者は減少し続けているのです。

しかし、その一方で増えているのが治安維持、つまり「軍隊対軍隊」ではなく「軍隊対テロリスト」の戦闘においてです。

これはまさに、集団的自衛権の先鞭《せんべん》と目されている南スーダンのPKOにも言えることです。

武器を携帯し、迷彩服を着た自衛隊は、日本がいくら平和維持が目的だと言い張っても、現地の兵士やテロリストからすれば間違いなく軍隊であり、標的とされます。その危険性をアメリカはイラク戦争において身をもって学んでいるわけです。

そのうえで、集団的自衛権という建前で日本を巻き込もうとする意図とは何でしょう？

これはすなわち、アメリカの陰の支配者であるＭＩＣの意向といって差し支えありません。彼らは戦争がしたい。しかし、アメリカは一応民主主義の国ですから、兵士に死者が出てしまえば世論の反発は必至です。

そこで苦肉の策として、公式的には死者としてカウントされない民間軍事会社の戦闘要員を雇うのですが、傭兵のコストは１日40万円ほどと高額。一方、自衛隊を派遣すればタダです。

つまり、**自衛隊をアメリカの都合のいい傭兵に仕立て上げよう**というのが本音なのです。

これは、北朝鮮情勢においても同様です。「PACやイージス・アショアを売ってあげるから、アメリカ本土もしくはグアムに向けて発射されたミサイルをイージス・アショアで落としなさい」というのが集団的自衛権の本質です。日本の軍事費、つまり税金で迎撃ミサイルを買えば、アメリカの軍需産業は潤う上に、ビジネス上のライバルとしての日本経済の力も削げる。しかも、軍事戦略上のアメリカの防波堤にもなるという一石三鳥の切り札が集団的自衛権というわけです。

このように、あくまで**アメリカの利益のために動いているのが、昨今の安保法制の実情です**。その意味で、**日米安保ではなく「アメリカのための安全保障」でしかありません。そこに「日本の安全保障」が含まれていると思い込んでいるのは日本だけです。**

アメリカは、仮に日本が中国に戦争を仕掛けられても「必ず守る」とは一言も言っていません。日米安保のガイドラインでは、常に「支援する」であったり「おそらく(may)」といった玉虫色の文言が使用され、断言を避けています。もしMICにとって中国が日本よりも有益だと判断した場合、いとも簡単に切り捨てられてしまうでしょう。

では、その時に誰が日本を守るのか？　それは日本が自らを守る以外に道はありません。つまり、真に問題とすべきは集団的自衛権ではなく個別的自衛権なのです。

個別的自衛権とは国連憲章第51条によって国連加盟国に認められる権利で、他国から武力攻撃を受けた場合に、防衛のために必要かつ相当な限度で武力を行使できるというものです。

ほとんどの日本人は、この個別的自衛権を指して専守防衛とイメージしていることでしょう。そして、「専守防衛＝個別的自衛権」は戦争を放棄した日本であっても当然認められているとも。

しかし、そこで見落とされているのが、本書の前半で申し上げた、日本が国連憲章によって敵国認定されているということです。つまり、日本には厳密には個別的自衛権すら認められていない。その代わりに、安全を担保するものとして日米安全保障条約が存在しているに過ぎません。

しかも、この日本の自衛権を日米安保で担保するという構図が生まれたのは、冷戦下においてソ連という巨大な敵が存在し、その防波堤として日本が必要とされていたからです。

したがって、ソ連が崩壊し、是が非でも日本の安全を守る必要がなくなった今、日本の個別的自衛権は宙に浮いた状態にあるのです。このままでは集団的自衛権どころか、日本は専守防衛すらできない丸腰の国家となってしまうでしょう。だからこそ、日本の国防を考えた場合、何よりもまず敵国条項を外し、国家主権と個別的自衛権を回復することが先決だと私は主張しているのです。

「敵国条項を外して、外交権としての戦争権を回復せよ」というのは、何も「戦争を仕掛けろ」と言っているのではありません。自分の身を自分で守る、最低限の権利をまず回復せよと言っているのです。

リチウムイオン電池式潜水艦に巡航ミサイルと特殊部隊を搭載すべしというのは、

敵国をせん滅せよというのではなく、個別的自衛権に基づく反撃能力を示すことで、容易に戦争を仕掛けられない抑止力とするためです。決して、実際の使用を前提としたものではありません。

日本は不戦であるという誓い、それは絶対に守る。しかし、その誓いを現実化するための認識と手段が、現在の日本において圧倒的に間違っているのです。

にもかかわらず、日米安保強化のニュースが流れるたびに、「これで日本の自衛隊が強くなり、日本はますます安全だ」と胸をなで下ろしている日本人のなんと多いことか。アメリカの兵器を買い、アメリカの作戦行動に追随する限りにおいて、本当の意味での日本の防衛、日本の国防が成し遂げられることはありません。むしろ、死の商人の片棒を担ぎながら、集団的自衛権によって自衛隊員を死地に送り込んでいるようなものです。

メディアの洗脳から抜け出し、正しい選択を

アメリカの安全保障問題である集団的自衛権の議論は活発化する一方で、日本の国防の根幹に関わる個別的自衛権は世論の俎上《そじょう》にも上らない。

敵基地攻撃は、「いつ行うのか?」こそを議論すべきなのに、その手前の攻撃の有無が重要であるかのように錯覚されている。

日本人がこの国の国防について、一度も自分たちの意志を表明したことがないのに、日米安保こそ平和の道だと思い込まされている。

そもそも、こうした意識のズレが日本人の中に根づいてしまっているのは、一体なぜでしょうか? その元凶を自覚しない限り、いくら平和を願ったところで、今回の集団的自衛権の一件のように自衛隊員を死地に送り込むような世論がいとも簡単に形成されます。

少し話は変わりますが、ウクライナの政変を機に日本がロシアの経済制裁に参加した時、世論の反発はほとんどといっていいほど起こりませんでした。しかし、国の規模や影響を考えると、イスラム国対策で2億ドルを拠出した時よりも明らかに報道や国民の反応が薄いというのは、本来あり得ないことです。

ではなぜ、ロシアへの経済制裁は、こうもすんなりと国民に受け入れられたのか？それは、日本人の潜在意識の中に「ロシアは敵国である」というイメージが刷り込まれていたからに相違ありません。

終戦後の占領時、アメリカの国家安全保障会議が掲げたNSC－48／4文書において、「日本を西側諸国に近づけ、共産主義を嫌うようにするための心理的プログラムを開始する」と記されていたことはすでに指摘しました。つまり、終戦直後から、日本人はアメリカによって「ソ連憎し」の洗脳を受け続けてきたのです。

これはGHQが行ったとされるウォー・ギルド・インフォメーション・プログラムも同様です。戦争責任は日本にあるというコンプレックスを日本人に刷り込むためのプログラムで、たとえばラジオ番組『眞相はかうだ』のように、アメリカを正当化し日本を糾弾するよう虚実織り交ぜて仕立てた物語を、ドキュメンタリーの体裁をとって放送するといった具合です。

視聴者にとってはあくまでドキュメンタリーですから、戦争責任は日本にあり、戦後は反省してアメリカと仲良くしなければならないと考えてしまうのも無理はありません。これはすなわち、「アメリカの敵であるソ連は、日本の敵でもある」という思い込みに繋がっていきます。

そして、このウォー・ギルド・インフォメーション・プログラムのプロデュースを行っていた日系アメリカ人、フランク馬場によって命名されたのが、皆さんよくご存知の「ＮＨＫ」です。

戦前から存在していた社団法人日本放送協会を継承する形で、特殊法人日本放送協会が設立されたのが１９５０年。この時、ＮＨＫという略称を発案したのがＧＨＱの民間情報教育局（ＣＩＥ）であり、そのネーミングにゴーサインを出したのがフランク馬場です。

このように戦後の日本メディアの根幹には、その誕生時からアメリカの意向が十分に組み込まれていたのです。

それを裏づけるのが、NHK開局日の最初のプログラムです。1953年2月1日、記念すべき開局初日には、まず14時から開局式典が放送されました。次いで15時から本放送が始まったのですが、そこで流されたのは、何を隠そう10日前に行われたアイゼンハワー大統領の就任式の実況映像。日本初のテレビプログラムは、アメリカ大統領を主役としたものだったのです。

さらに、同年8月28日には日本テレビ放送網が開局。その社長であった正力松太郎氏もCIAのエージェントであったことが、2007年に情報公開制度によって明らかになっています。

もうお分かりでしょう。冒頭で指摘した国防に対する日本人の意識のズレの元凶が何であるか。それはまさに、メディアを通じた半世紀以上にわたる洗脳の置き土産なのです。

いわゆる「3S政策」と呼ばれるscreen（映画）、sports（スポーツ）、sex（性風俗）

を中心としたガス抜きで政治や国防の本質から大衆の目を逸らし、その裏で、アメリカの利益となるよう世論を巧みに誘導していく。

その目的は、日本を反共の砦と化すことであり、冷戦終結後の現在は反米勢力の盾とすることにほかなりません。

先述したウクライナ政変での経済制裁に話を戻せば、ロシアは世界最大の国土と資源を有する屈指のポテンシャルを持つ国です。それゆえ、ＥＵ諸国はロシアとの貿易を密にしており、本音を言えばアメリカ主導の経済制裁には強く反発しています。

一方、「ソ連憎し」「ロシア憎し」を刷り込まれた日本では、経済制裁に対して世論の反発はほとんど見受けられませんでした。ロシアと友好関係を築くことで経済発展を遂げ、重要なビジネスパートナーとなれば戦争のリスクをも抑止できるという「日本の利益」は度外視され、あくまで「アメリカの利益」が優先される。これを洗脳と言わずして何というのでしょう。実際には「アメリカの利益」ではなく「ごく一部のアメリカ人の利益」なのですが。

メディアを通じた洗脳に関して、面白い話がもうひとつあります。1950年に公布された「電波三法」についてです。電波法・放送法・電波監理委員会設置法の3つからなる電波三法において、もっとも紆余曲折をたどったのが電波監理委員会設置法です。

今でこそ電波の使用権や利用料は国の管轄となっていますが、当初GHQはアメリカの連邦通信委員会（FCC）を模して「電波は国民のもの」とする意向を示していました。使用権や利用料は国が決めるのではなく、「電波オークション」によって決める。つまり、市場原理に委ねようというのです。

アメリカ政府の尖兵と思われがちなGHQ。しかし、その中には「日本で本当の民主主義を実現させよう」と理想に燃える志士がいたことも間違いありません。占領時の治安維持がいかに危険な任務であるかは、イラク戦争の犠牲者数を見れば明らかです。つまり、GHQとは死地に送られるようなもの。いつ日本人が自爆テロを仕掛けてきてもおかしくないのです。

ですから、軍人はともかく学者たちの中には、自らの犠牲を厭わない高潔な人間もたしかに存在していた。その志の結晶が、憲法9条であり電波監理委員会設置法です。電波、つまりメディアを平和的民主主義の下に置くこと。それが軍国主義にひた走った戦前の日本に立ち返らせない最善の策であると考えていたわけです。

ところが、これに難色を示したのがなんと当の日本政府です。一度は政府の外に置かれた電波監理委員会は、GHQの撤退後すぐに廃止され、代わって郵政省の管轄下に電波監理審議会が設置されました。国民の手にあった電波は、再び国へと奪われたのです。

その後、電波監理局、電気通信局を経て、2001年には総務省総合通信基盤局となり現在に至っています。このドタバタ劇の裏に、アメリカ本国のMICの存在があったことは言うまでもありません。

したがって、電波を巡る状況を整理するとこうなります。アメリカの電波はFCC

によって国民の手にありますが、アメリカはMICならびに巨大国際金融資本が支配する特殊な国です。それゆえオークションというフィルターを通すと、彼らがメディアを牛耳る結果となってしまった。それに反発したGHQの学者たちが日本版FCCを設置したわけですが、これも握り潰され、アメリカの傀儡である当時の日本政府が電波を手中に収めた。

改めて言うまでもないことですが、アメリカの大多数の国民は、戦争を好んではいません。当たり前の話で、**民主主義がしっかりと機能し、国民の総意が反映されるのであれば、必ず「戦争はノー」となるに決まっています。**

しかし、国民を戦地に送り、その犠牲で儲けるためには、彼らをメディアを通じて支配し、洗脳する必要があります。たとえ戦争はノーでも、正常な判断力を奪い、投票行動に反映させなければいいだけです。そして今、日本の国防を巡る議論も、論点のすり替えによって巧妙にコントロールされ、アメリカ軍需産業の希望通りのシナリオになっています。

こうした現状を覆し、**日本が日本の利益のため、国民の生活のために正しい選択をするには、まずはメディアによる洗脳から脱却しなければなりません。**

「北朝鮮はテロリストである」という単純な視点では、ミサイル防衛のために湯水のように税金を使い、身を削ってアメリカの盾となるだけです。そうではなく「なぜ北朝鮮にミサイルが必要なのか？」という、より抽象度の高い視点で物事を判断することが重要です。

国防とは、軍隊が行うのではありません。国民一人ひとりが自覚を持ち、自らの判断で自分の暮らしと安全を守っていくものであるということを、決して忘れないでください。

未来の国防は「哲学輸出国」となること

世界を支配しようと目論む軍需産業、巨大金融資本、彼らと手を組んだシャドウガバメントなど。こうした巨大な権力の手のひらの上で踊らされ、彼らの利益のために動くのではなく、「日本国民のため」「自分自身の暮らしのため」に真の国防を選び取ること。その選択肢として、軍事情勢の現状と未来を踏まえた上で具体的な手立てをこれまで提示してきましたが、最後に究極の国防プランを提唱して本書のまとめとしたいと思います。

究極の国防プラン――それは「**哲学輸出国**」となることです。戦争とは、地震や台風のように自然発生的に起こるものではありません。それが人間の煩悩が生み出す行為である以上、煩悩に働きかける哲学こそが最大の特効薬となるのが道理です。

これまで戦争が起こる原因は経済、つまり煩悩に集約されると述べてきました。まずそのことを証明しましょう。

戦争が起こる前提条件として、必ず戦争を起こしたい人間の存在が必要となります。そして、その当人にとって、戦争とは自分が犠牲になるものではありません。必ず手足となる兵士の犠牲の上に、何がしかの利益を得るのです。

仮に本当に自分が命を投げ出す覚悟があるのなら、その場合、指導者が真っ先に犠牲になるので、戦争とはなり得ません。ウサマ・ビン・ラディンが率先して自爆テロを仕掛けることはないのです。戦勝国には、必ず勝利報酬を受け取る人間がいなくてはなりません。

したがって、他人を犠牲にして自分が儲けようという煩悩を消し去れば、戦争はなくなることになります。しかし、戦争の仕掛け人ともなるほどの権力を持った人間から煩悩を取り除くのは、容易ではありません。そこで重要になるのが、一般の兵士であり国民なのです。

どんなに煩悩にまみれた巨大な指導者であっても、戦争を一人で起こすことはできません。指導者が安全地帯で指揮する一方で、必ず最前線で犠牲となる兵士が必要となります。

では、彼らは何のために戦争をするのか？

それが、**正義や神といった〝アプリオリなもの＝先天的な絶対の価値〟への忠誠です**。指導者は「君たちは絶対的な価値のために死ぬのだ」と洗脳し、「絶対的な価値を守るための戦争である」と自らの正当性を主張することで、戦争を成立させようとします。

では、犠牲要員である兵士や国民が、絶対的な価値を認めず、自分の命を最優先で守ろうとしたらどうでしょうか？　国家への忠誠、正義への忠誠、神への忠誠などよりも、人の命の大切さ、人類全体への忠誠、そして自らの価値への忠誠を上位に置けば、死の危険がはびこる最前線へ向かう兵士はいなくなり、戦争が成立しなくなるのです。

そして、この人類全体への忠誠を説く哲学が、東洋哲学の中心ともいえる「**縁起**」です。

縁起とは、言葉通り「すべての事象や存在は、『縁』によって『起』こる」ということを示しています。つまり、世の中のすべての存在は個で成り立っているのではなく、他の存在との関係性によって成り立っているというもの。あらかじめ独立して存在する事物・事象はなく、この点で〝アプリオリなもの〟を完全に否定しています。

この縁起に基づけば、**世界とはひとつも欠くべからざるピースで組み上がったパズルのようなものです。**自分が死んでしまえば、パズルは崩れ落ちて雲散霧消してしまいます。その代わり、自分の形が変われば、相手の形も変わり、ひいては世界の形が変わっていきます。

その逆もまた真なりであり、これを突き詰めると「**世界とは自分の心が生み出しているもの**」となります。つまり、もっとも大切なのは自分ということになるのです。

これは単なる利己主義とは決定的に異なり、むしろ相反する考えです。なぜなら、関係性の中で存在している以上、相手の存在を無視したり毀損《きそん》したりすれば、自らの存在が揺らぐこととなります。**自分が大切だからこそ、お互いに相手を慮《おもんぱか》らねばならない。相手を生かすことが、自分も生きる道に繋がっていくのです。**

仏教哲学で特に強調される縁起とは対照的に、**西洋の哲学・宗教は唯一絶対的な価**

値を設定することで、その価値にそぐわない事物・事象を排除しようとします。

たとえば、キリスト教の歴史を振り返ると、土着の宗教であった旧約聖書の段階の神は「我は妬む神である」というほど人間的で、全知全能や唯一絶対といった文言は一言も出てきません。

ところが、4世紀のニカイア公会議の頃から、そうしたアプリオリ性が神に付与されていきます。その裏には、ローマ帝国が意にそぐわぬ勢力に戦争を仕掛け、支配力を高めていこうとする意図が見え隠れしています。

同様に明治維新後の日本も、まさにアプリオリ性を取り入れて戦争へと突き進んでいきました。江戸時代までは八百万《やおよろず》の神だったものが、現人神《あらひとがみ》＝天皇に忠誠を誓ったことで、他国を侵略する口実ができ、兵士を死地に追いやることも可能となったわけです。

この点で、**現在の日本の国防論は、戦前に逆戻りしている危機感を私は感じています。**現人神に代わる絶対的価値、それは昨今巷に氾濫するビジネス戦略などに代表される「似非合理主義」です。その象徴がゲーム理論でしょう。

ゲーム理論とは、戦略的意思決定に用いられる考え方のひとつで、相手の出方を読んで、できるだけ自分の利益を最大化させようとする数学理論です。この理論に基づけば、「アメリカ軍が攻撃された場合、日本もアメリカと一緒に相手国を攻撃するのが最適な戦略である」といった主張がまかり通るようになります。

これは相手との関係性を重視し、尊重し合うことを前提とした縁起の哲学からはかけ離れた、唾棄すべき利己主義と言えます。

ただの煩悩の塊を「数字は嘘をつかない」「合理性が絶対である」といった次元の低い、根拠にもならない根拠で埋めようとしているだけです。数学における不完全性定理や物理学における不確定性原理など、すでに20世紀前半から、数字は神ではないことは明らかになっています。

これは憲法9条の問題も同様です。北朝鮮情勢などを絡めて、自衛隊を合憲にすればいいという単純な論理で国防を強化していこうという発想がすでに、利己主義にとらわれています。自衛隊の抑止力とは、たとえるなら短刀を懐に忍ばせているようなものです。

最近、日本刀を持った北朝鮮という組織暴力が暴れているから、違法とは知りつつ短刀を所持している。自分からは決して抜かないけれど、斬りかかってきたら反撃しますよというのが、現在の日本の状態です。

より高次の視点で考えると、自衛隊は違憲のままでも十分というのが私の持論です。もちろん、合憲になっても国際法上は何も変わらないというのは述べた通りです。他国との関係性を考慮して、国民も自衛官も違憲とは承知しつつも粛々と国防に備える。それは最低限の防衛手段として必要なことであり、もし他国の脅威が取り除かれたら、違憲なのですぐに解散しますというスタンスを保ち続ければいいのです。もちろん、自衛隊員は自分たちが合憲になるのが望ましいというのは当然であり、それを政治的発言と批判するのも誤りです。

自衛隊を合憲にして気に入らない相手を叩き潰そうというのではなく、もし軍拡をやめて平和的に付き合ってくれたら自衛隊も解散しますという選択肢をまず相手に与えることです。

自分が変われば、相手が変わる。相手が変われば、自分が変わる。縁起の哲学を率先して取り入れ、日本の真に誇るべき平和主義を世界に広めていくことこそが、未来の国防の切り札となるでしょう。そしてまた、日本が国際舞台で本物のリーダーシップを発揮していくための道でもあると、私は考えます。

特別寄稿

北朝鮮情勢を巡って

近視眼的な視点は捨てる

本書の中では、北朝鮮についてさまざまな角度から分析をしてきました。日本の国防を考える上で避けては通れない問題だからです。

たしかに2017年7月には、北朝鮮から「火星14」というICBMが高度2500キロメートル超のロフテッド軌道で発射されました。同9月には、2016年9月以来6回目となる核実験が強行されています。その爆弾は水素爆弾と発表された上、アメリカ本土への射程の可能性が取りざたされ、全世界に衝撃を与えました。さらに、同11月には新型ICBM「火星15」が高度約4500キロメートルのロフテッド軌道で発射成功とされました。

今後、北朝鮮は対アメリカ戦略として、引き続き、核弾頭を搭載したミサイル開発を目指し、実験に力を入れていくでしょう。アメリカやその同盟国である日本、韓国など、いわゆる北朝鮮の敵国に当たる国々にとっては現実問題として脅威が高まるのは間違いありません。国際社会でも北朝鮮問題は新たな次元に足を踏み入れたと言え、それ相応の覚悟が必要になってくるでしょう。

このように北朝鮮情勢は緊迫し、世界の安全保障環境に重大な影響を与えているのは事実です。

日本で北朝鮮問題を語る際は、「北朝鮮は悪」といったイメージだけの近視眼的な国防論議が展開されている、ともお伝えしました。

その奥にある根本的な背景を理解することが、私たちが国防を考えていく上で必要な視点なのです。

第3章で私は、北朝鮮問題は「北朝鮮対日本」ではなく「ロシア・中国対アメリカ」に基づいている、とお伝えしました。

こうした大きな絵を描くことこそ、適切に国際情勢を掴むことになり、真の国防議論が成熟するのです。

この特別寄稿では、そうした視点を踏まえつつ、別の視点から、北朝鮮情勢についてお伝えしていきましょう。

北朝鮮が行っているのは反米教育

日本のメディアは意図的に情報コントロールを行っています。実のところ、大々的に反日教育を行っているのは北朝鮮ではなく中国や韓国です。
たとえば、韓国は従軍慰安婦問題や竹島問題で反日教育を実施しているのは明らかです。

翻って北朝鮮はどうでしょうか？

北朝鮮が一貫して行っているのは「反米教育」です。2017年に起きた北朝鮮情勢では、北朝鮮が一貫して名指しで敵とみなしていたのはアメリカではなかったでしょうか。同盟国である日本の名前も出てくることはありますが、あくまでもメインはアメリカ。メディアがこうした事実を明確に伝えないため、日本人の多くは、一連の情勢の意味を大きく取り違えているように見えます。

こうした意味を理解しないまま、Ｊアラートでいたずらに危機をあおったり、日本と北朝鮮があたかも戦闘状態であるかのように喧伝《けんでん》するメディアには、別の論理があるようにしか思えません。

もちろん、このミサイル問題がノーリスクかというと、そんなことはありません。国防を考える上では、リスクを徹底的に洗い出し、国民の身の安全を守るために最善を尽くすのは国家として当然のことです。

しかし、誤ったイメージのまま情勢をとらえると、未来に誤った影響を与える可能性が生じます。

日本もアメリカの同盟国である以上、北朝鮮の敵国になるのは事実です。しかし韓国の反日イメージを北朝鮮に置き換えて、日本にミサイルを撃つに違いないと思い込んでいる。そんな短絡的な思考を重ねていては、本質を理解することなどできません。

北朝鮮問題は突き詰めると「アメリカ対中国」

私は、北朝鮮問題は「ロシア・中国対アメリカ」に基づいていると述べました。冷戦以来、その3国間のパワーバランスで均衡がとられてきました。

アメリカの立場に立つと、**東アジアに完全な平和が訪れると、沖縄をはじめとする在日米軍基地に巨大戦力を置いておく理由がなくなります。**

今、アメリカ軍において、中東を主戦場とする中央軍の実態とは、第7艦隊であり沖縄にいる海兵隊が主力です。北朝鮮問題はそれらの戦力維持のための恰好の理由となるのです。

一方、1992年以降、中国は急速に経済が発展し、それに比例して国防費も増大していきました。ソ連が崩壊し冷戦が終結するまでは、アメリカにとって中国は眼中にない国でした。ソ連の衛星国の一つである発展途上国だったというのが正しい認識でしょう。

実際、ブラジル、リオデジャネイロで1992年に締結された気候変動枠組条約では、中国は発展途上国扱いでした。大気中の温室効果ガスの濃度を安定させるべく、各国が手を携えたわけです。

その後、気候変動枠組条約の関連条約であるパリ協定が2015年に締結されます。しかし、中国はすでにGDP世界2位の「発展済み国」にもかかわらず、発展途上国扱いで条約に参加し続けているのです。つまり、中国は2030年まで温室効果ガスの排出を増やし続けることができるのです。話が逸れましたがこれは問題提起されるべきテーマです。

話を戻しますと、アメリカから見ると、中国はいきなり現れたダークホースということになります。バブル期の90年代、日米間では熾烈な経済戦争がありました。その時代の日本より大規模な経済成長を遂げている国が中国なのです。

日本は防衛費として約5兆円を自衛隊につぎ込んでいますが、アメリカのコマンドコントロール下にあることが前提です。どれだけ贔屓目《ひいきめ》に見ても、自衛隊は米軍の下部機関でしょう。仮に自衛隊が増強されたとしても、アメリカとしてはプラスです。

ところが中国はアメリカの支配下にある国ではありません。いつの間にかソ連に代わる超大国が生じ、気がつけば超軍事大国かつ経済大国が現れてきたのです。皮肉なことにその経済成長を支えたのは、日本のODAであることもすでに述べました。

そうした援助を下敷きにして、中国は二十数年後にはアメリカを抜いて、世界第1位のGDP国になるとまで言われています。

つまり、**北朝鮮問題の背景にあるのは、中国に対するアメリカの牽制でもあります。逆もまたしかりで、中国からアメリカへの牽制の意味合いもあります。**

そう考えると、カールビンソンの日本近海での航行や、ロナルド・レーガン、セオドア・ルーズベルト、ニミッツによる合同演習などは、北朝鮮のみならず中国への示威行動として読み解くこともできるのです。

そんな中、北朝鮮情勢に対応するべく、日本ではイージス・アショアの導入に向け、着々と歩を進めています。イージス・アショアは大気圏外まで射程距離を持ち、2基導入すれば、日本全土はカバーできます。実は、ここまでに説明してきた背景を理解すれば、もう一つの論理が浮き彫りになってきます。

既にお伝えした通り、日本がイージス・アショアを購入するのは、中国からアメリカ領土に向けミサイルが発射された場合、撃墜するためでもあります。

つまり、日本にイージス・アショアが導入された瞬間、中国はアメリカに対する核攻撃能力を一定レベルで失うのです。中国のミサイルは日本海で迎撃がある程度可能になるわけですから、世界の安全保障の絵に大きな変化を起こします。

要するに、**中国からアメリカに飛ぶ大陸間弾道弾の効力を弱めるのが、日本にイージス・アショアを置く意味になります。**もちろん対ロシアという意味でも同様です。

日本にイージス・アショアを置いてしまえば、アメリカは中国の核の脅威がある程度弱まります。このある程度というのが軍事バランス上では大きな意味を持つのです。

つまり、今回の北朝鮮情勢を大きな歴史の流れに沿って考察すれば、終戦直後からアメリカの不沈空母・反共の楯とされてきた日本の役割に何ら変わりはなく、単にその延長線上として捉えることができます。むしろ、**アメリカにとっては騒動をきっかけに日本にイージス・アショアを配備することで、「中国・ロシアからの弾道ミサイルによる本土攻撃の早期迎撃」というこれまでになかった楯ができる。**まさに渡りに船の絶好機と言えるわけです。

さらには、ミサイル防衛局にアメリカ本土での迎撃に1兆円オーダーの予算がつく。MICには大きな収穫です。

これが今回の北朝鮮情勢の裏側に隠されたカラクリなのです。日本人は本気で北朝鮮がミサイルを撃ってくると思いこんでいますが、その本質は、アメリカにより世界の安全保障の絵が大きく書き換えられようとしているということなのです。

今回の北朝鮮問題を利用して、アメリカが日本にイージス・アショアを導入させようとしている側面があることも理解しておかなければなりません。現在、アメリカにとっては自民党政権が圧倒的に強いということも追い風なのです。

高高度電磁パルス（ＨＥＭＰ）から日本を守れ

さきほど、北朝鮮情勢は「アメリカと中国の問題」ということをお伝えしました。とはいえ、北朝鮮のそばにある日本は、現実的な対応をする必要があります。

そこで、今後、私たちが理解しておくべきことは、高高度電磁パルス攻撃（ＨＥＭＰ）です。高高度電磁パルス攻撃は、北朝鮮が実行可能としている攻撃です。全世界からにわかに注目を浴びています。

最近、北朝鮮では１６０メガトンクラスの核実験がありました。その規模から判断するに、水爆と見られています。

そして、核爆発が起こると必ず生じるのが電磁パルス。この電磁パルスによってインフラを破壊するのが「電磁パルス攻撃」です。

実は、電磁パルス攻撃の研究開発はソ連時代の１９８０年代には終了しており、北朝鮮のミサイル開発は、先日一部メディアも賑わせたように、旧ソ連の技術により支えられています。

世界の趨勢はこのＨＥＭＰを意識したものになっています。現にアメリカでは２０００年代半ばからこの対策に本腰を入れ始めました。

つまり、「北朝鮮は高高度電磁パルス攻撃の技術を所持している」こう考えておか

高高度電磁パルス（HEMP）とは何か？

○高高度核爆発（HANE）による電磁波パルス攻撃 ※高高度とは地上から数百キロメートル程度の上空
○超広範囲の電力・通信・情報機器・流通などのインフラ機能停止を狙う戦略攻撃 ※いわゆる半導体チップが入っているものは全部影響を受ける。
○直接の人命被害が最小で、直後に占領可能なクリーンな戦略核爆発 ※高高度で爆発するため、人体にはほとんど無害。そのため攻撃直後、占領軍が侵攻しやすい。
○核爆発高度200キロメートルで半径1600キロメートル、高度500キロメートルで半径2400キロメートルの電子回路が破壊される。

なければなりません。

では、高高度電磁パルス攻撃とは何か？

北朝鮮がカードとしてちらつかせる理由を理解しておく必要があります。

電磁パルス攻撃は核弾頭が小さく、それでいて相手国に甚大なダメージを与えられる非常にコストパフォーマンスに優れた攻撃方法です。

まず、高高度で爆発させるため、大気圏再突入技術や正確かつ繊細な着弾技術を必要としません。つまり、北朝鮮のような技術が未熟な途上国でも扱いやすく、成功確率も高まります。しかも、防衛する側にとっては通常の弾道ミサイルよりも厄介な存在。というのも、広範囲に電磁波の影響をもたらすべく高高度で爆発させるということは、その分、迎撃する手段が限られてしまう。ミサイル防衛網を何重にも敷いていたとしても、一度のミスが命取りとなってしまいます。

実際に日本がこの攻撃の憂き目にあった場合、どの程度被害をこうむるかをシミュレーションしましょう。北朝鮮は、おそらく東京上空では爆発を行わないはずです。高度200キロメートルで攻撃を実行すると、首都平壌にも影響が生じるからです。

東京の東400キロメートル沖合、200キロメートル上空で100キロトン高高度爆発が起きたとします。

400キロメートル離れた太平洋上での爆発のため、直接死者は出ません。それどころか、10億分の1秒程度の電磁パルスでは、日本国内にいる私たちが、爆発の影響を体感することもないでしょう。

しかし、このあとが地獄です。いまや日本では各産業で大量の半導体チップが使用されています。それがなくては機能しない業種が多々あります。しかし、攻撃により、通信・放送インフラは完全破壊され、半導体チップを積んだトラックや自動車はストップし、流通はマヒします。

日本の電力会社も、多大な影響を受け電力は供給されなくなります。電気が止まった場合の頼みの綱、ガソリンも使用できません。ガソリンスタンドでの給油が不可能になるからです。こうして燃料供給網も破壊されます。水道も止まります。

銀行、証券、為替システムも破壊されます。役所などの行政、警察の治安維持も停止し社会機能まで喪失してしまうのです。近代兵器も同様です。自衛隊そのものすら破壊され、身動きが取れない状況に陥ります。

つまり、**水、食糧供給網、保健衛生、医療、物流、通信の破壊により、全国で大規模な人命被害が起こることになるのです。日本が19世紀以前の社会に逆戻りする可能性すら孕んでいるのです。**

アメリカのシミュレーションでは、長期的に見ると、アメリカがこの攻撃にさらされた場合、最悪全人口の9割が失われるとまで予想されています。CIAのピーター・プライ氏らの試算により明らかになりました。

こうした話を聞くと、ミサイルを迎撃すればいいという意見が出てくるでしょう。しかし、高高度核爆発は迎撃困難です。北朝鮮からミサイルが発射された場合、急上昇しながら飛んでいきます。

そして、高度1400キロメートルに達した場合、PAC3では迎撃不可能。導入が予定されているイージス・アショアでは可能ですが、それも射程範囲内に撃ち込まれた場合に限られます。一方、電磁パルス攻撃は貨物船から、400キロメートル沖の海上でミサイルを垂直発射すれば可能です。これまで何度も繰り返したように、現代の戦争では攻撃側が圧倒的に有利であり、いくら高性能の迎撃ミサイルを配備してもまったく安心はできません。

仮に太平洋沖合から発射されると想定した場合、その貨物船やタンカーを1隻ずつ誰がチェックできるでしょうか。さらに、ミサイルは垂直に上昇するため、その周辺にイージス艦がいたとしても、迎撃は困難になるのです。

アメリカが最も恐れるシナリオは、1000キロメートル沖の船上からまっすぐ500キロメートル上空にミサイルを撃ち上げられること。これではどんな方法でも迎撃は難しいのです。

また、日本固有の問題として、ミサイルが日本を飛び越える軌道で発射された場合、スムーズに迎撃態勢に入れるかどうかという難題があります。果たして単なる実験なのか？　それとも領空外を通過して、アメリカ本土を攻撃しているのか？　もしくはまったく別の標的、たとえば、何もない太平洋の真ん中を狙っているのか？　実際、日本を飛び越える軌道のミサイルを迎撃したことは一度もありません。

では、日本を守るためにはどうすればいいのか？

アメリカでは、2004年頃から、次のような対策をとり始めています。コストはかからないので、日本も早急に義務化をするべきです。

1 重要なコンピュータ・サーバー類の金属ケージ（ファラデーケージ）への格納義務化。将来的には重要なサーバーやデータセンターの建物ごとのファラデーケージ化。

2 電子機器に接続されたケーブル（信号・電源両方）からの電磁波侵入フィルターを義務化。

3 電子回路に流入する電流・電圧のピークを制限する保護回路設置の義務化。

4 生活に重要な電子機器では、電子回路そのものの金属箔などでのシールドを義務化。

さらに未来の備えとしては、各メーカーは、回路や配線を再設計し電磁パルス耐性を高める必要があります。

軍事などで使用されるミッションクリティカル部では、過負荷が予想される箇所に半導体ではなく真空管を利用していく。そして、回路を二重化し、バックアップ回路は電磁的に平時は切り離し、電磁パルス被災後に手動に切り替えるなどの施策を取るべきです。

いずれにせよ、これらの対策は1日でも早く行わなければなりません。**北朝鮮はいずれ確実にこの攻撃の実用化に成功するからです。イージス・アショア導入後は、日本列島成層圏上空通過軌道のミサイルは必ず迎撃するという法改正を行うべきです。**この軌道で発射されるミサイルは、この電磁パルス攻撃である可能性が大きいからです。

核攻撃が、ミサイルを地上に落とす時代から高高度での爆発が当たり前の時代になっている。このことはほとんどの日本人が理解していません。それは日本人が核というものに対して、真正面から議論を避けてきた弊害とも言えるでしょう。もちろん、これらの対策は、北朝鮮だけでなく中国に対しても有効です。中国にも高高度電磁パルス攻撃のノウハウは間違いなく存在しており、近い将来には必ずや日本にとって最大の脅威となることでしょう。

苫米地　英人（とまべち　ひでと）

1959年、東京生まれ。認知科学者（機能脳科学、計算言語学、認知心理学、分析哲学）。計算機科学者（計算機科学、離散数理、人工知能）。カーネギーメロン大学博士（Ph.D.)、アメリカのサイバー防衛の拠点カーネギーメロン大学CyLabでフェローを2008年から務める。サイバー戦争と次世代防衛技術を長年研究し、複数の政府顧問も経験する。フルブライト留学生としてイエール大学大学院に留学、人工知能の父と呼ばれるロジャー・シャンクに学ぶ。同認知科学研究所、同人工知能研究所を経て、コンピューター科学の分野で世界最高峰と呼ばれるカーネギーメロン大学大学院哲学科計算言語学研究科に転入。全米で4人目、日本人として初の計算言語学の博士号を取得。イエール大学・カーネギーメロン大学在学中、世界で最初の音声通訳システムを開発し、CNNで紹介されたほか、マッキントッシュの日本語入力ソフト「ことえり」など、多くのソフトを開発。帰国後、三菱地所の財務担当者としても活躍。自身の研究を続ける傍ら、1989年のロックフェラーセンター買収にも中心メンバーの一人として関わった。
また、オウム真理教信者の脱洗脳や、国松警察庁長官狙撃事件で実行犯とされる元巡査長の狙撃当日の記憶回復など、脱洗脳のエキスパートとしてオウム事件の捜査に貢献。現在も各国政府の顧問として、軍や政府関係者がテロリストらに洗脳されることを防ぐための訓練プログラムを開発・指導している。他、大学時代には、アメリカに渡り、マサチューセッツ大学ディベートチームに入り、ディベートの本場アメリカでトップレベルのディベート競技大会を経験。アメリカのディベート教育で最も歴史があり、かつ最も競技性の強い競技ディベートであるNDT（national debate tournament）ディベートを本格的に学ぶ。サイマル・インターナショナルにて同時通訳者としても活躍し、その経験や脳機能学者・計算言語学者としての見識から生み出した「英語脳のつくり方」プロジェクトが大反響を呼んでいるほか、本業のコンピューター科学分野でも、人工知能に関する研究で国の研究機関をサポートする。次世代P2P型通信・放送システム「Key HoleTV」を開発し、無料公開も行っている。
20世紀最大の心理臨床家で世界的な精神科医でもあり、現代臨床催眠の父でもあるミルトン・エリクソンの方法論についても、ミルトン・エリクソンの長女であり、心理臨床家のキャロル・エリクソンから直接指導を受けた。2008年春から、自己啓発や能力開発の分野における世界的権威ルー・タイス氏とともに、米国認知科学の最新の成果を盛り込んだ能力開発プログラム「PX2」や「TPIE」を開発し、日本における総責任者として、その普及に努めている。一方、格闘家前田日明氏とともに全国の不良たちに呼びかけた格闘イベント「THE OUTSIDER」を運営。徳島大学助教授、ジャストシステム基礎研究所所長、同ピッツバーグ研究所取締役、ジャストシステム基礎研究所・ハーバード大学医学部マサチューセッツ総合病院NMRセンター合同プロジェクト日本側代表研究者として、日本初の脳機能研究プロジェクトを立ち上げる。通商産業省情報処理振興審議会専門委員などを歴任。現在は自己啓発の世界的権威ルー・タイス氏の顧問メンバーとして、米国認知科学の研究成果を盛り込んだ能力開発プログラム「PX2」「TPIE」などを日本向けにアレンジ。日本における総責任者として普及に努めている。また、ギタリストとして多数のビンテージギターを保有し、定期的に機能音源付スペシャルLIVEを行っている。

著書に『2050年 衝撃の未来予想』（TAC出版）、『仮想通貨とフィンテック～世界を変える技術としくみ～』（サイゾー）、『現代洗脳のカラクリ ～洗脳社会からの覚醒と新洗脳技術の応用』（ビジネス社）、『苫米地博士の「知の教室」～本当の知性とは難しいことをわかりやすく説明することです!（カーネギーメロン大学院&イエール大学院式）』（サイゾー）、『人はなぜ、宗教にハマるのか？』（フォレスト出版）など多数。

TOKYO MXで放送中の「バラいろダンディ」（21時～）で木曜レギュラーコメンテーターを務める。

苫米地英人 公式サイト	http://www.hidetotomabechi.com
ドクター苫米地ブログ	http://www.tomabechi.jp
Twitter	https://twitter.com/drtomabechi（@DrTomabechi）
	https://twitter.com/dr_t_genius（@dr_t_genius）
PX2 について	http://bwf.or.jp
TPIE について	http://tpijapan.co.jp
スマホサイト	http://sp.dr-tomabechi.jp

編集協力
宮下浩純

装丁
井上新八

本文デザイン
株式会社エストール

撮影（目次写真）
貴田茂和

写真
ユニフォトプレス

真説《しんせつ》・国防論《こくぼうろん》

2017年12月27日　初　版　第1刷発行

著　者　苫米地 英人
発行者　斎藤 博明
発行所　TAC株式会社　出版事業部（TAC出版）
〒101-8383　東京都千代田区三崎町3-2-18
電話　03(5276)9492(営業)
FAX　03(5276)9674
http://www.tac-school.co.jp

組　版　株式会社 エストール
印　刷　株式会社 ミレアプランニング
製　本　株式会社 常川製本

落丁・乱丁本はお取替えいたします。

ISBN 978-4-8132-7455-1
N.D.C. 390